鄂尔多斯鸟类
ORDOS BIRDS

主 编 吴佳立 吴佳正

远方出版社

图书在版编目（CIP）数据

鄂尔多斯鸟类 / 吴佳立，吴佳正主编 . —呼和浩特：
远方出版社， 2020.9
ISBN 978-7-5555-1500-5

Ⅰ．①鄂… Ⅱ．①吴… ②吴… Ⅲ．①鸟类－研究－
鄂尔多斯 Ⅳ．①Q959.708

中国版本图书馆 CIP 数据核字（2020）第 168744 号

鄂尔多斯鸟类
EERDUOSI NIAOLEI

主　　编	吴佳立　吴佳正
责任编辑	云高娃　王　福
责任校对	云高娃
装帧设计	任　术　薛洋洋
出版发行	远方出版社
社　　址	呼和浩特市乌兰察布东路 666 号　邮编 010010
电　　话	（0471）2236473 总编室　2236460 发行部
经　　销	新华书店
印　　刷	鑫艺佳利（天津）印刷有限公司
开　　本	210mm×285mm　1/16
字　　数	270 千
印　　张	23.75
版　　次	2020 年 9 月第 1 版
印　　次	2021 年 6 月第 1 次印刷
标准书号	ISBN 978-7-5555-1500-5
定　　价	398.00 元

《鄂尔多斯鸟类》编委会

总策划

秦岭峰

1970 年出生，林业工程师，从事林业业务及行政管理 30 年。先后获得过国家科技进步奖、内蒙古自治区科技进步奖、内蒙古自治区农牧业丰收奖、内蒙古自治区青年科技标兵等荣誉，2019 年带领鄂托克前旗林业和草原局获全国生态建设先进集体。

主编

吴佳正

1968 年出生，汉族，中共党员，本科学历。就职于国能神东煤炭集团。中国野生动物保护协会理事，内蒙古鸟类摄影协会会长，中国摄影家协会会员。

主编

吴佳立

1964 年出生，汉族，本科学历。就职于鄂尔多斯市鄂托克前旗林业和草原局林业工作站，任站长。内蒙古鸟类摄影家协会理事，中国野生动物保护协会资深会员，中国民俗摄影家协会会员，内蒙古摄影家协会会员。

东胜区部分编委合影

后排左起： 吴 极 于凤强 吴佳正 何静波 耿 斌 白 杰 汤世光 王玉科

前排左起： 李梦雨 边娜娜 孙彦楠 石 麟 贺美玲 吴翠芬

鄂托克前旗编委

后排左起： 鱼 磊 张文慧 阮元元 孟克乌力吉 新吉乐图 谢世东 达楞巴雅尔 周文斌 尚育国

中排左起： 热格吉德玛 朝乐孟图雅 刘亚莉 沙如拉 周玉玲 王娇娇 达楞陶高斯 格日乐其其格 哈斯格日乐

前排左起： 赛富勒 伊拉图 哈斯巴嘎娜 吴佳立 秦岭峰 盛文玉 吕美萍 赵福洲 吴 昊

内蒙古鸟类摄影协会会员
原创作品

序

　　绿色是生命的象征，大自然的底色。曾几何时，鄂托克前旗生态环境恶劣、沙尘暴肆虐，风大沙多、植被稀少、满目荒凉曾是一代人内心最深的记忆。建旗 40 年来，鄂托克前旗始终把生态建设作为发展的永恒主题，团结带领全旗人民众志成城与干旱争、与沙漠斗，几十年如一日，矢志不渝，在漫长曲折的生态建设道路上，谱写了前赴后继建设绿色家园的壮丽诗篇，全旗建成区绿化覆盖率 42.1%，人均公园绿地面积 23.9 平方米，森林覆盖率达到 23.9%，草原植被覆盖度达到 80% 以上，先后获评国家园林县城、国家生态文明建设示范县等诸多荣誉称号。如今，天蓝、地绿、水清、土净已经成为鄂托克前旗新的亮丽的城市名片。今天，行走在鄂托克前旗 1.218 万平方千米的土地上，蓝天碧空如洗，空气甜润清新，苜蓿铺青叠翠，柠条摇曳生姿，马兰花儿艳紫婆娑，藏锦鸡儿竞相绽放，巴音希泊日湿地草原一碧千里，圣火生态文化公园草木葱茏，到处呈现出一派人与自然和谐共生的生态胜景……

　　"映日华冠动，迎风绣羽开。"大自然恩赐鄂托克前旗的绿林和草原，成为鸟类繁衍栖息的理想家园。这是一份鸟类对草原的相守，百啭千声随意移，山花红紫树高低，在这里，自然与鸟类、鸟类与景观、景观与人，形成旷达的草原传奇；这是一份来自极致的守候，喜观燕舞曼妙，醉听莺啼鸟啭，独特的自然风光加上这群可爱的小精灵，演绎着天人合一的别样景致。

　　在鄂托克前旗建旗 40 周年之际，旗林业和草原局策划编撰的《鄂尔多斯鸟类》，通过摄影家们灵动而真实的镜头，用生动的图片为我们呈现了鄂托克前旗乃至鄂尔多斯鸟类资源的丰富和种群的繁盛，不仅带给我们一场绝美的视觉盛宴，给我们以美的享受，更让我们对大自然充满敬畏。用影像的力量引导、唤起公众对野生鸟类的关注，让公众通过欣赏鸟类图片展览和鸟类生存环境认知等，真正认识到保护鸟类，就是保护我们赖以生存的自然环境、就是保护我们的自然家园。

　　值此成书之际，衷心祝愿家乡天空湛蓝清新，草原遍染绿色，河湖鱼翔浅底，飞鸟自在欢唱……

柳仁生林占

前言

　　1840 年之后，一些欧洲博物学爱好者开始进入中国这块未经开垦的处女地。英国人施温霍（R.Swinhoe）在 1863 年发表了最早的《中国鸟类名录》，共收集鸟类 454 种，1871 年增加到 675 种。此后，又有许多国外的博物学家陆续来到中国开展鸟类学调查。美国人祁天锡（N.G.Gee）在 1931 年发表《中国鸟类目录试编》修订本，编录中国鸟类 1093 种。1947 年，中国著名鸟类学家郑作新对其做了大幅度种类增减和学名更改，从而完成了第一部完全由中国人编撰的《中国鸟类名录》，书中列有中国鸟类 1087 种，另 388 亚种，为中国鸟类学研究和发展奠定了基础。

　　近年来，随着分子生物学技术在鸟类分类学研究中被越来越广泛地运用，DNA 测序技术的突飞猛进，鸟类系统分类和种属关系发生了一些变化。中国著名鸟类学家郑光美院士在参考和吸收国际鸟类分类学最新研究成果的同时，沿用传统宏观分类学的主流观点，编撰出版了《中国鸟类分类与分布名录》。

　　《鄂尔多斯鸟类》分类主要依照郑光美院士 2017 年第三版《中国鸟类分类与分布名录》鸟类分类体系，审慎吸纳最新普查成果。

　　本书共收录鄂尔多斯鸟类 21 目 61 科 312 种，是迄今为止涵盖鄂尔多斯市鸟种最全面的鸟类图书。目前全世界已知鸟类超过 10000 种，国内鸟种也有 1400 多种。鸟类分类学研究还处于不断发展之中，今后仍会有一些新鸟种或新的鸟类分布在鄂尔多斯市被发现，本书作为一个历史节点，为今后的鸟类研究、保护工作提供可靠的依据。

　　本书收录的图片主要为内蒙古鸟类摄影协会会员原创作品。内蒙古鸟类摄影协会成立于 2015 年，目前会员近 300 人，遍及自治区各个盟市以及国内省、市、自治区，为我们编撰《鄂尔多斯鸟类》创造了必要的条件。

　　《鄂尔多斯鸟类》在编撰过程中，得到了鄂尔多斯市各级政府、部门、企事业单位的大力支持和帮助。一些知名的鸟类学者和鸟类学专家也在本书的撰写过程中提出很多宝贵的意见，在此一并表示衷心的感谢！同时也希望本书的出版，为推动鄂尔多斯市鸟类科学普及和野生动物保护事业做出贡献。

目录
CONTENTS

目录 Contents

目录 Contents

概论

一、鄂尔多斯市自然概况

鄂尔多斯市为内蒙古自治区下辖市，位于内蒙古自治区西南部，一个以蒙古族为主体、汉族占多数的地级市。西北东三面为黄河环绕，南临古长城，毗邻晋陕宁三省区。鄂尔多斯市辖 2 区 7 旗。"鄂尔多斯"为蒙古语，意为"众多的宫殿"。东部、北部和西部分别与呼和浩特市、山西省忻州市，包头市、巴彦淖尔市、乌海市，宁夏回族自治区、阿拉善盟隔河相望；南部与陕西省榆林市接壤。截至 2019 年末，全市常住人口 208.8 万人，其中城镇人口 156.7 万人，乡村人口 52 万人，城镇化率为 75.1%。

（一）地理位置

鄂尔多斯市位于内蒙古自治区西南部，地处鄂尔多斯高原腹地。地理坐标为北纬 37°35′24″— 40°51′40″，东经 106°42′40″— 111°27′20″。东西长约 400 千米，南北宽约 340 千米，总面积 86752 平方千米。

（二）地质地貌

鄂尔多斯市的土地按自然地貌和成因条件可划分为四个类型：

1. 北部黄河冲积平原区

该地区总面积约 5000 平方千米，占全市总土地面积的 6%，分布于杭锦旗、达拉特旗、准格尔旗沿黄河 23 个乡、镇、苏木内。成因和地质构造与整个河套平原相同，同属沉降型的窄长地堑盆地。海拔高度 1000 — 1100 米。

2. 东部丘陵沟壑区

本区分布于鄂尔多斯市、伊金霍洛旗、准格尔旗和达拉特旗南部，海拔高度为 1300 — 1500 米，面积约 2.6 万平方千米。

3. 中部库布其、毛乌素沙区

库布其、毛乌素两大沙漠，位于鄂尔多斯市中部。库布其沙漠北临黄河平原，呈东西条带状分布。毛乌素沙漠地处鄂尔多斯市腹地，分布于鄂托克旗、鄂托克前旗、伊金霍洛旗部分和乌审旗。两大沙区总面积约 3.5 万平方千米，占全市总面积的 40% 左右，其中库布其沙漠面积为 1 万多平方千米、毛乌素沙漠 2.5 万平方千米。

4. 西部坡状高原区

本区位于鄂尔多斯市西部，包括鄂托克旗大部和鄂托克前旗、杭锦旗的部分，总面积约 2.1 万平方千米，该区地势平坦，起伏不大，海拔高度 1300 — 1500 米。

（三）水系

鄂尔多斯市地处黄河流域中上游，全境共有黄河、无定河、窟野河三大水系，境内 85% 以上的河、沟、川均属黄河水系，其中黄河一级支流（集水面积在 250 平方千米以上）有 14 条，区内集水面积在 50 平方千米以上的沟、川有 96 条，除了无定河、窟野河、都思兔河和西柳沟河常年流水外，其余均为季节性河流。

（四）森林资源

2018 年底，鄂尔多斯市森林总面积 6116.8 万亩，其中乔木森林总面积 476.8 万亩，灌木总面积 3029.3 万亩，森林总蓄积量 1005.4 万立方米，森林覆盖率 26.9%。

（五）气候

属典型的温带大陆性气候，四季分明。春季气温骤升，降水少，干旱多大风，气候干燥，蒸发量大。夏季温热，雨水相对集中，局部地区的冰雹、洪涝灾害频繁。秋季气温下降快，霜冻来临早，气候秋高气爽。冬季漫长寒冷，多大风，降雪少。年平均气温在 5.3℃ — 8.7℃，最冷月 1 月平均气温在 -10℃ — -13℃之间，最热月 7 月平均气温在 21℃ — 25℃之间。东部地区年降水量平均在 300 — 400 毫米，西部地区年降水量在 190 — 300 毫米，全年降水集中在 7 — 9 月。蒸发量大，年蒸发量为 2000 — 3000 毫米。

（六）鄂尔多斯市鸟类资源及保护

鄂尔多斯市在保护鸟类资源、保护野生动植物资源、维护生物多样性方面做了大量工作，取得了显著成绩，多年来出现的鸟类重返鄂尔多斯大地，稀有野生动物频繁出没等充分说明了鄂尔多斯生态建设与保护工作取得的重要成果。鄂尔多斯草原、湖泊、湿地、沙地兼而有之，自然地理独特，生态环境优美，适宜多种鸟类、野生动物繁衍生息，群众也有着悠久的爱鸟护鸟历史传统和良好美德。

已成功举办 36 次"爱鸟周"活动，从市到旗区，爱鸟活动已成为鄂尔多斯一致的共识，是集中向全社会宣传普及鸟类知识、宣传法律法规、开展鸟类保护的重要活动。通过"爱鸟周"活动，让更多的人加入爱鸟护鸟、保护野生动物的行列，共同打造大美、品质鄂尔多斯。

截至 2021 年 5 月，鄂尔多斯市有影像记载的鸟类共 21 目 61 科 312 种，其中国家一级保护鸟类 9 种，二级保护鸟类 79 种。

二、主要保护区及湿地简介

（一）自然保护区

1. 鄂尔多斯遗鸥国家级自然保护区

鄂尔多斯遗鸥国家级自然保护区，位于东胜区和伊金霍洛旗境内，总面积 14777

平方千米。主要保护对象为遗鸥及湿地生态系统。2001年6月，经国务院办公厅批准，晋升为国家级自然保护区。

遗鸥在鸟类中是被认识和了解最晚的种类之一，1931年才首次被发现于甘肃弱水地区，当时只是作为黑头鸥的一个新亚种。但在此后的几十年中，人们再也未能见到它的踪迹，这一发现未能被科学家普遍接受，很多人认为它只是棕头鸥的个体变异，或者是棕头鸥和渔鸥的杂交种等等。直到1971年，在中亚地区的哈萨克斯坦的阿拉库尔湖再次发现了遗鸥的繁殖群体，通过比较核实，证明它们既不是黑头鸥，也不是棕头鸥，或其于渔鸥的杂交种，而是一个新的独立的物种——遗鸥，终于被科学界所承认。

1987年，由中国鸟类学者组成的考察队在这一地区获得了一对遗鸥的标本，他们推断这里可能有遗鸥的繁殖群。1990年春夏之交，他们又来到这里考察，终于如愿以偿，发现了湖心各岛上庞大的遗鸥巢群。

从那以后，他们就开始对遗鸥种群进行研究，揭开了这一神秘鸟类的许多不解之谜。 遗鸥属国家一级保护野生动物，被列为濒危物种。鄂尔多斯遗鸥种群是自然界中最大的遗鸥种群，数量最多时达到16000只。遗鸥繁殖期在5月初至7月初，10月南迁。由鄂尔多斯至渤海湾是到目前为止，仅知的一条相对固定的遗鸥迁飞路线。

2. 西鄂尔多斯国家级自然保护区

西鄂尔多斯国家级自然保护区。位于鄂托克旗境内，总面积460024平方千米，其中鄂尔多斯辖区面积为449092平方千米，占保护区总面积的97%，主要保护对象为四合木等濒危植物及荒漠生态系统。1997年12月，经国务院批准，晋升为国家级自然保护区。

3. 鄂托克恐龙遗迹化石国家级自然保护区

位于鄂托克旗境内，总面积46410平方千米。1998年，经鄂托克旗人民政府批准建立，同时组建保护区管理委员会。2000年6月，晋升为自治区级自然保护区。2007年4月，经国务院办公厅正式批准，晋升为国家级自然保护区。

4. 内蒙古西鄂尔多斯毛盖图自然保护区

位于鄂托克前旗境内，总面积83246平方千米。主要保护西鄂尔多斯藏锦鸡儿半灌木、旱生禾草草原化荒漠的植被类群及野生动物种群。保护区始建于2000年，2003年经自治区人民政府批准，成立自治区级自然保护区。

5. 鄂尔多斯甘草自然保护区

位于鄂托克旗境内，总面积144762平方千米。主要保护对象为乌拉尔甘草为代表的濒危野生植物种群、荒漠草原生态系统及其生物多样性。始建于2000年，2003

年 3 月，经自治区人民政府批准，晋升为自治区级自然保护区。

6. 内蒙古都斯图河湿地自然保护区

位于鄂托克旗境内，总面积 38004 平方千米。主要保护对象为荒漠草原河流湿地生态系统及湿地周边水源地沙地属河流湿地。2007 年 9 月，经自治区人民政府批准，为自治区级自然保护区。

7. 内蒙古毛乌素沙地柏自然保护区

位于乌审旗境内，总面积 46600 平方千米。主要保护对象为毛乌素天然沙地柏灌丛为建群种的沙地生态系统、珍稀野生动物物种和黄河水源涵养地。

8. 鄂尔多斯市杭锦旗杭锦淖尔自然保护区

位于杭锦旗境内，总面积 88339 平方千米。保护区始建于 2000 年，2003 年 3 月，经自治区人民政府批准，晋升为自治区级自然保护区。

9. 白音恩格尔荒漠濒危植物自然保护区

位于杭锦旗境内，总面积 26209.64 平方千米。保护区始建于 2000 年，2003 年 3 月，经自治区人民政府批准，晋升为自治区级自然保护区。

10. 内蒙古库布其沙漠柠条锦鸡儿自然保护区

位于杭锦旗境内，总面积 1.5 万平方千米。保护对象为锦鸡儿片林。

11. 准格尔旗哺乳动物化石地质遗迹自然保护区

位于准格尔旗境内，总面积 2010 平方千米。保护区始建于 1999 年，2003 年 4 月，经自治区人民政府批准，晋升为自治区级自然保护区。主要保护对象为区内新近系中所含丰富的哺乳动物化石。

（二）湿地公园

1. 内蒙古萨拉乌苏国家湿地公园

位于乌审旗南部，批准建设于 2012 年 12 月，2016 年 12 月通过验收，正式成为国家湿地公园。总面积 3000.4 平方千米。湿地公园的建立是为了保护黄河上游一级支流无定河水源水质，恢复湿地生态系统功能。

2. 内蒙古达拉特旗乌兰淖尔国家湿地公园

位于达拉特旗境内。2016 年，国家林业局同意达拉特旗开展国家湿地公园试点工作。总面积 904.88 平方千米。湿地公园的建设是为了保护乌兰淖尔湿地和乌兰淖尔水库水质及恢复公园内的沼泽湿地植被。

3. 伊金霍洛旗红海子湿地公园

位于鄂尔多斯市区以南约 16 千米处，占地面积约 26.13 平方千米。公园分为东、西两部分，其中东红海子占地 10.2 平方千米，西红海子占地 15.93 平方千米。有大面积原始生态湿地，栖息着诸多水鸟。

鸟类身体特征及图解

一、鸟类身体特征

鸟类为现生生物中富有特色的类群，体表被有羽毛，多数种类具有飞行能力。从进化上看，鸟类是在距今约 1.5 亿年前由恐龙的一支进化而来。为了适应飞行，鸟类的身体特征发生了适应性进化，主要体现在以下方面：

（一）鸟类的体表被有羽毛

羽毛是表皮的角质化衍生物，是现生鸟类所独有的身体结构，可以凭借此特征区分鸟类与其他生物类群。按照羽毛本身的特征，可以分为正羽、绒羽、半绒羽、毛羽、粉䎃。

▌**正羽**▌是最主要的羽毛，如飞羽、覆羽和尾羽，都属于正羽，是完成飞行的主要结构。

▌**绒羽**▌一种柔软松散的羽毛，具有很短的羽轴、少量羽支和一些不带羽钩的小羽枝，主要功能是保暖。

▌**半绒羽**▌介于绒羽与正羽之间的一种羽毛，具正羽的结构，但缺乏羽小钩和凸缘，因此像绒羽一样蓬松。除了隔热外，在水禽中还可以增大游泳时的浮力。

▌**毛羽**▌散在正羽和绒羽之间，细长如毛发，基本功能是感知正羽的姿态，从而控制羽毛的运动。

▌**粉䎃**▌是特化的绒羽，终生生长且不脱换，其末端的羽小支不断破碎为颗粒状，起到清洁体羽的作用，在缺乏尾脂腺的类群中特别发达。

现生鸟类多数都具有飞行能力。不具备飞行能力的类群包括驼鸟、美洲驼、鹤驼、几维鸟和企鹅等，这些鸟类在我国都没有自然分布。

（二）身体结构的特征

鸟类的胸骨上具有龙骨突，上面着生发达的胸肌，是飞行主要的发力器官。为了减轻体重，鸟类的长骨多数是中空的。

鸟类的视觉发达，为四原色系统，部分鸟类如鹦鹉、蜂鸟等已经被证明可以看到紫外光。鸟类眼球较大，占到头部体积的 1/4。

鸟类的听力较好，在部分类群中极为发达。如夜行性的鸮类，为了更好定位，它们两只耳孔的高度是不同的。

（三）生理上的特征

飞行是极为消耗能量的一项运动，为了给身体提供更多能量，鸟类的正常体温为 42℃，单位时间内能产生更多的能量供飞行的需要。

非繁殖期，性腺会萎缩以减轻体重，在下一个繁殖季节开始前才会重新发育。

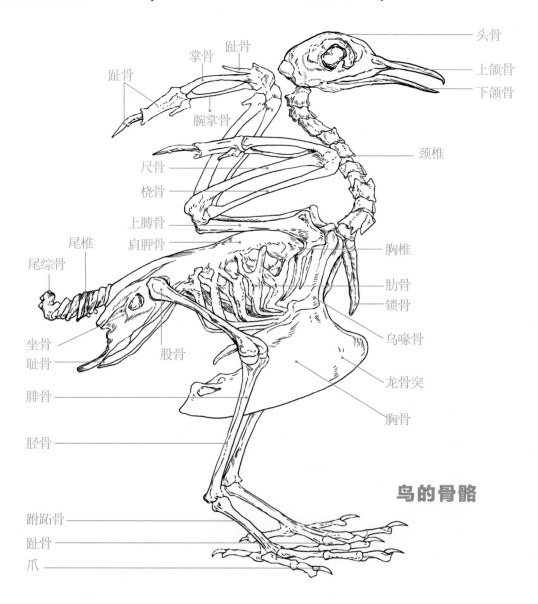

头骨
上颌骨
下颌骨
颈椎
胸椎
肋骨
锁骨
乌喙骨
龙骨突
胸骨

趾骨
掌骨
趾骨
腕掌骨
尺骨
桡骨
上膊骨
尾椎
肩胛骨
尾综骨
坐骨
耻骨
股骨
腓骨
胫骨
跗跖骨
趾骨
爪

鸟的骨骼

二、鸟类身体部位名词解释

┃虹膜┃ 眼睛构造的重要部分，瞳孔周边的区域。

┃眼先┃ 眼睛前至喙部的羽毛。

┃眼周┃ 眼睛周围的羽毛。

┃枕┃ 头后部靠近颈的区域。

┃耳羽┃ 覆盖耳孔的一撮羽毛。

┃额┃ 嘴基正下方的部位。

┃颊┃ 眼睛下方的脸部。

┃眉纹┃ 眼睛上方由前至后的一条纹路。

┃贯眼纹┃ 贯穿眼睛由前至后的一条纹路。

┃眼罩┃ 眼睛周围较为宽阔的条状斑纹。

┃额盔┃ 前额部位向下扩展至上嘴基部的角质或肉质裸皮。

┃顶冠纹┃ 头顶正中央由前至后的一条纹路。

┃凤头┃ 也称冠羽，指长在鸟类头上的簇状较长的羽毛，通常起装饰的作用。

┃喙裂┃ 喙基部的肉质内衬。

┃喙须┃ 喙基周围的无羽小枝的光裸羽干。

┃喙峰┃ 鸟上喙的隆起部分。

┃喉囊┃ 鹈鹕、鸬鹚等种类喉部的裸皮，可以膨大。

┃后颈┃ 颈部的后侧。

┃颌┃ 口腔上部、下部的骨头和肌肉组织。

┃上体┃ 头顶、颈背、肩部和背部的统称。

┃下体┃ 喉、胸、腹和两胁的统称。

┃冠羽┃ 头部隆起的装饰性羽毛，同凤头。

┃饰羽┃ 繁殖期出现的装饰性羽毛。

┃腋羽┃ 长在腋窝位置的羽毛。

┃飞羽┃ 飞行中为鸟类提供升力的羽毛，从翅尖到体侧依次为初级飞羽、次级飞羽和三级飞羽。

┃覆羽┃ 附着于身体表面，规则排列的羽毛，依照大小和着生位置不同可以分为大覆羽、中覆羽、小覆羽、尾上覆羽和尾下覆羽等。

┃翼镜┃ 指鸟类翼上特别明显的块状斑，通常为初级飞羽或次级飞羽的不同羽色区段所构成。

┃附跖┃ 鸟类的腿以下到趾之间的部分。

┃脚蹼┃ 脚趾之间膜状结构，在不同类群间差异较大。

┃尾下覆羽┃ 泄殖腔周围的羽毛，尾羽着生处以下的羽毛。

┃腰┃ 尾羽着生处以上的羽毛。

三、常见鸟类术语名词解释

特有种 指局限分布于某一特定区域，而未在其他地方出现的物种。

亚种 指虽然属同一物种，但种内彼此占据地理分布或生殖隔离不完善，彼此具有一定形态差异的生物类群。

色型 同种且同一性别的鸟类有着不同羽色类型，往往区别明显。

成鸟 已经性成熟，可以繁殖的鸟类。

未成年鸟 除了成鸟阶段之外，其他阶段的鸟，包括雏鸟、幼鸟和亚成鸟。

亚成鸟 换上第一冬羽到性成熟之前的鸟。不同类群中，亚成鸟的时间跨度差别很大。

幼鸟 雏羽换掉后到换上第一冬羽之前的鸟。

雏鸟 破壳后到雏羽换掉之前的鸟。

早成雏 雏鸟破壳时，全身被有雏羽，能够自由活动并觅食的鸟类。

半早成雏 雏鸟破壳时，身体被有稀疏的雏羽，且出壳时不能够自由活动，但出壳 1—2 天后可以自由活动，仍需要亲鸟喂食的鸟类。

晚成雏 雏鸟破壳时，身上没有雏羽，无法自由活动并需要亲鸟喂食的鸟类。

初羽鸟 幼鸟身体全部或部分已经换上幼羽，但还不具有飞行能力的鸟类。

非繁殖羽 成鸟在非繁殖季节的羽毛，在繁殖期结束后换上。

繁殖羽 指冬季及早春期间所换的新羽。

幼羽 雏鸟第一次换羽后的羽毛。

留鸟 终年生活在一个地区的鸟类，生活范围不随季节的变化而呈现长距离的迁徙。

夏候鸟 夏季迁徙到某一地区繁殖的鸟类，称为该地的夏候鸟。

冬候鸟 冬季迁徙到某一地区越冬的鸟类，称为该地的冬候鸟。

旅鸟 迁徙途中路过某一地区的鸟类，称为该地的旅鸟。

迷鸟 因天气等原因，出现在远离自然分布区的某一地区，为该地的迷鸟。

受胁程度
IUCN 红色名录等级

EX
灭绝
Extinct

EW
野外灭绝
Extinct in the Wild

CR
极危
Critically Endangered

EN
濒危
Endangered

VU
易危
Vulnerable

NT
近危
Near Threatened

LC
低度关注
Least Concern

DD
资料缺乏
Data Deficient

NR
未认可
Not Recognised as a Species

NE
未评估
Not Evaluated

本书使用说明

所属目
所属科

| **鸡形目** GALLIFORMES | **雉科** Phasianidae |

石鸡 | 摄影 吴佳正

作者姓名

中文名

学名　英文名

石鸡
shí jī

| **英文名称：** Chukar Partridge | **IUCN 红色名录等级：** LC |
| **拉丁学名：** Alectoris chukar | **体长：** 36 厘米 |

IUCN
红色名录
等级

体长数据

生活习性： 栖息于岩石较多的丘陵至低山地带，多以植物种子、幼小植物的浆果、嫩枝及昆虫为食。

分布范围： 留鸟，数量多，分布广，在我市大部分地区均有繁殖记录，常见。

石鸡 | 摄影 吴翠芬

形态特征： 雌雄相似。上背葡萄红色，下背及覆羽为灰橄榄色，喉及颊灰棕色，黑色过眼线绕头侧和喉部，围成黑色环带，虹膜栗色，嘴、脚红色，爪黑褐色。

石鸡 | 摄影 聂延秋

页码

鄂尔多斯鸟类
ORDOS BIRDS

本书共收录鄂尔多斯鸟类

21 目 61 科 312 种

是迄今为止涵盖鄂尔多斯市鸟种

最全面的鸟类图书

鄂尔多斯鸟类
ORDOS
BIRDS

石鸡 | 摄影 吴佳正

石鸡
shí jī

英文名称： Chukar Partridge

拉丁学名： Alectoris chukar

IUCN 红色名录等级： LC

体长： 36 厘米

石鸡 | 摄影 吴翠芬

生活习性： 栖息于岩石较多的丘陵至低山地带，多以植物种子、幼小植物的浆果、嫩枝及昆虫为食。

分布范围： 留鸟，数量多，分布广，在我市大部分地区均有繁殖记录，常见。

形态特征： 雌雄相似。上背葡萄红色，下背及覆羽为灰橄榄色，喉及颊灰棕色，黑色过眼线绕头侧和喉部，围成黑色环带，虹膜栗色，嘴、脚红色，爪黑褐色。

石鸡 | 摄影 聂延秋

斑翅山鹑

bān chì shān chún

| 英文名称：Daurian Partridge | IUCN 红色名录等级：**LC** |
| 拉丁学名：Perdix dauurica | 体长：28 厘米 |

别名┃斑翅子┃

形态特征： 雌鸟体羽与雄鸟相似，但下胸黑斑与雄鸟相比小且略淡。虹膜暗褐，嘴石板黑，脚趾肉灰色。

斑翅山鹑 ｜ 摄影 吴佳正

生活习性： 栖息于草原、丘陵地带，以植物种子、嫩芽为主食。

分布范围： 留鸟，数量多，分布广，在我市大部分地区均有繁殖记录，常见。

斑翅山鹑 ｜ 摄影 吴佳正

斑翅山鹑 ｜ 摄影 吴佳正

鹌鹑
ān chún

英文名称：Japanese Quail

拉丁学名：Coturnix japonica

IUCN 红色名录等级：NT

体长：21 厘米

形态特征： 雌雄羽色相近。雄鸟颏深褐，喉中线向两侧上弯至耳羽，紧贴皮黄色项圈。

生活习性： 常成对而非成群活动。经常活动在生长着茂密的野草或矮树丛的平原、荒地、溪边及山坡丘陵一带，有时也到耕地附近活动。主要以食植物种子及嫩芽为主，夏天吃大量的昆虫和幼虫以及小型无脊椎动物等。

分布范围： 留鸟，在我市大部分地区均有繁殖记录，少见。

鹌鹑 | 摄影 吴佳立

环颈雉 huán jǐng zhì	英文名称：Common Pheasant 拉丁学名：Phasianus colchicus	IUCN 红色名录等级：LC 体长：66—85 厘米

环颈雉 | 摄影 吴佳正

别名 | 野鸡 |

形态特征： 雄鸟前额和上嘴基部黑色，富有蓝绿色光泽，头顶棕褐色，眉纹白色，眼先和眼周裸出皮肤绯红色。雌鸟色暗，周身密布浅褐色斑纹。

生活习性： 雉鸡脚强健，善于奔跑，主要以食植物种子及嫩芽为主，夏天吃大量的昆虫和幼虫以及小型无脊椎动物等。

分布范围： 留鸟，在我市大部分地区均有繁殖记录，常见。

环颈雉 | 摄影 耿斌

鸿雁
hóng yàn

英文名称：Swan Goose
拉丁学名：Anser cygnoid

IUCN 红色名录等级：**VU**
体长：90 厘米

蒙古语名 | 鸿嘎鲁 |

形态特征： 雌雄羽色相似，雄鸟形体大于雌鸟，雄鸟上嘴基部有一明显的疣状突起。全身灰褐色，头顶至后颈棕褐色，嘴黑色，虹膜栗色，脚橘黄色，尾羽黑色有白色端斑。

生活习性： 栖息于河、湖、沼泽地带及附近草地中，取食田野和草地中的各种植物、藻类及软体动物。被《中国物种红色名录》列为易危物种。

分布范围： 夏候鸟，在我市大部分地区均有记录，数量少，常见。

鸿雁 | 摄影 耿斌

鸿雁 | 摄影 吴佳立

豆雁｜摄影 吴佳正

dòu yàn

| 英文名称：Bean Goose | IUCN 红色名录等级：LC |
| 拉丁学名：Anser fabalis | 体长：85 厘米 |

形态特征： 雌鸟体型稍小于雄鸟。头颈部棕褐色，上体肩背部褐灰色，有近白色羽缘，腰黑褐色，下体淡棕褐色，腹部污白色，尾上覆羽白色，尾羽暗褐色并具白色端斑，虹膜暗褐色，趾及跗跖橙黄色，爪黑色。

生活习性： 栖息于江河、湖泊、沼泽及水库等开阔水面及其岸边，主食植物性食物，也食少量软体动物。群栖性强。

分布范围： 旅鸟，在我市大部分地区均有记录，数量少，少见。

短嘴豆雁 | 摄影 聂延秋

短嘴豆雁

duǎn zuǐ dòu yàn

| 英文名称：Tundra Bean Goose | IUCN 红色名录等级：**NR** |
| 拉丁学名：Anser serrirostris | 体长：75 厘米 |

形态特征： 雌雄相似。虹膜褐色，喙灰黑色，较短，前端具有橙黄色横斑，尖端黑色，有些个体橙黄色延伸至嘴基，脚橘黄色。

生活习性： 似豆雁，常与豆雁混群。

分布范围： 旅鸟，在我市沿黄河岸边有记录，数量少，极罕见。

灰雁

huī yàn

英文名称： Graylag Goose
拉丁学名： Anser anser

IUCN红色名录等级： LC
体长： 85厘米

形态特征： 雌雄相似，雌性略小，羽色较其他雁类淡。虹膜暗褐色，嘴肉色，跗跖和趾橙黄色，略带灰绿，爪黄褐色。

生活习性： 栖息于湖泊、河湾、沼泽地等淡水水域及其附近草地，以植物茎叶、种子为食，也食螺、虾、鞘翅目昆虫。

分布范围： 夏候鸟，旅鸟，在我市大部分地区均有记录，常见。

灰雁｜摄影 吴佳正

灰雁｜摄影 吴佳正

斑头雁
bān tóu yàn

| 英文名称: Bar-headed Goose | IUCN 红色名录等级: **LC** |
| 拉丁学名: Anser indicus | 体长: 80 厘米 |

斑头雁 | 摄影 赵福君

形态特征： 雌雄羽色相似。通体灰褐色，头枕白色，有两道黑色带斑，虹膜暗棕色或黑色，嘴黄色，先端黑色，腿脚黄色。

生活习性： 喜咸水，以青草、种子、软体动物和昆虫为食。

分布范围： 夏候鸟，在我市大部分地区都有记录，较常见。

斑头雁 | 摄影 吴佳正

红胸黑雁 | 摄影 杨文致

红胸黑雁
hóng xiōng hēi yàn

英文名称: Red-breasted Goose

拉丁学名: Branta ruficollis

IUCN 红色名录等级: **VU**

体长: 55 厘米

形态特征: 雌雄相似。体羽有金属光泽,头、后颈黑褐色,两侧眼和嘴之间有一椭圆形白斑,脚黑色。

生活习性: 典型的冷水性海洋鸟,耐严寒,喜栖于海湾、海港及河口等地,以植物嫩茎叶、种子等为食。

分布范围: 迷鸟,在我市极罕见,2018 年在杭锦旗被首次记录。

疣鼻天鹅
yóu bí tiān é

英文名称：Mute Swan

拉丁学名：Cygnus olor

IUCN 红色名录等级：**LC**

体长：150 厘米

疣鼻天鹅 | 摄影 吴佳正

疣鼻天鹅 ｜ 摄影 吴佳正

疣鼻天鹅 ｜ 摄影 吴佳正

形态特征：雄鸟前额有黑色疣突，雌鸟疣突不甚明显。通体雪白，头顶、上颈稍沾棕黄色，嘴橘黄色，脚黑色。

生活习性：栖息于多水草的湖泊、沼泽、江河等宽阔水面，主食水生食物的茎叶和果实。

分布范围：旅鸟，在我市各旗县都有记录，数量明显在逐年减少，常见。

疣鼻天鹅 | 摄影 吴佳正　　　　♂

小天鹅
xiǎo tiān é

英文名称：Tundra Swan
拉丁学名：Cygnus columbianus

IUCN 红色名录等级：LC
体长：110 厘米

小天鹅 | 摄影 汤世光

小天鹅 | 摄影 吴佳正

形态特征： 雌雄相似。虹膜棕色，体羽洁白，比大天鹅小，上下嘴黑色，嘴基两侧黄斑沿嘴缘前伸于鼻孔之后，头顶、颊沾棕黄色，跗跖、蹼、爪黑色。

生活习性： 栖息于多蒲苇的开阔的湖泊、水库、水塘中，多集群活动，以水生植物的根、茎和种子为食，也食少量水生昆虫和螺类等。

分布范围： 旅鸟，在我市大部分地区均有记录，迁徙时数量多，常见。

大天鹅 | 摄影 吴佳正

大天鹅
dà tiān é

英文名称：Whooper Swan	IUCN 红色名录等级：LC
拉丁学名：Cygnus cygnus	体长：140 厘米

形态特征： 雌雄相似。全身羽毛洁白，颈修长，眼暗褐色，嘴前部黑色，上嘴基部黄色并沿两侧向前至鼻孔之前，趾间具蹼，跗跖、蹼、爪黑色。

生活习性： 栖息于开阔的河、湖、水库，成群活动，主要食水生植物的茎、叶、种子和根，也吃动物性食物。

分布范围： 旅鸟，在我市大部分地区均有记录，数量多，迁徙时常见。

大天鹅 | 摄影 耿斌

大天鹅 ▏摄影 吴佳正

翘鼻麻鸭
qiào bí má yā

英文名称：Common Shelduck	IUCN 红色名录等级：**LC**
拉丁学名：Tadorna tadorna	体长：59 厘米

翘鼻麻鸭｜摄影 吴佳正

翘鼻麻鸭｜摄影 耿斌

形态特征： 繁殖期雄鸟嘴基处有明显的红色皮质肉瘤突起，雌鸟羽色暗淡，头部不具绿色金属光泽，无红色皮质肉瘤。嘴上翘，赤红色，嘴甲黑褐色，蜡膜、虹膜棕褐色，脚蹼肉红色。

生活习性： 喜成群栖息于湖泊、河流、水塘、河口沼泽和草原等地带，以昆虫、软体动物、植物的叶和种子、藻类为食。

分布范围： 夏候鸟，在我市多地有繁殖记录，常见。

赤麻鸭 | 摄影 耿斌

赤麻鸭
chì má yā

英文名称： Ruddy Shelduck

拉丁学名： Tadorna ferruginea

IUCN 红色名录等级： LC

体长： 62 厘米

赤麻鸭 | 摄影 吴佳正

形态特征： 雌雄羽色基本相同。雄鸟在繁殖季节颈基部有一狭窄的黑色颈环。虹膜暗褐色，嘴黑色，跗跖、蹼、爪黑色。

生活习性： 栖息于开阔的草原、湖泊、农田等淡水环境中，杂食性，以各种谷物、水生植物、昆虫、鱼虾等为食。

分布范围： 夏候鸟、留鸟，在我市大部分地区有繁殖记录，数量多，常见。

赤麻鸭 | 摄影 白杰

形态特征： 雄鸟羽色艳丽，冠羽明显，眉纹白色，翅上有一对直立的橙黄色羽帆。雌鸟灰褐色，无冠羽和翼帆。虹膜暗褐色，跗跖和脚黄褐色。

生活习性： 栖息于湖泊、溪流，以植物种子及昆虫等为食。

分布范围： 旅鸟，在我市多地均有有记录，少见。

鸳鸯 | 摄影 耿斌

鸳鸯
yuān yāng

英文名称： Mandarin Duck	**IUCN 红色名录等级：** LC
拉丁学名： Aix galericulata	**体长：** 42 厘米

鸳鸯 | 摄影 任飞

赤膀鸭
chì bǎng yā

| 英文名称：Gadwall | IUCN 红色名录等级：LC |
| 拉丁学名：Mareca strepera | 体长：52 厘米 |

赤膀鸭 | 摄影 吴佳立

赤膀鸭 | 摄影 吴佳正

形态特征：雄鸟额、头顶黑褐色，头侧、颏喉及前颈淡棕白色，翼上中部有棕红色斑块。雌鸟上体暗褐色，具棕白色斑纹，翼镜不明显，下体棕白。虹膜暗棕色，嘴黑色，腿橘黄色，爪灰黑色。

生活习性：栖息于江河、湖泊、水塘，以植物性食物为主。

分布范围：夏候鸟，旅鸟，在我市多地有记录，数量多，常见。

罗纹鸭 | 摄影 子钧

罗纹鸭
luó wén yā

英文名称：Falcated Duck

拉丁学名：Mareca falcata

IUCN 红色名录等级：**NT**

体长：48 厘米

形态特征： 雄鸟头顶栗色，头颈两侧及颈冠铜绿色，满布暗褐色波状细纹，下体白色，具暗褐色斑纹，翼镜黑绿色。雌鸟较雄鸟小，上体黑褐色，背和两肩有"U"形淡棕色细斑，下体棕白色，胸部密杂暗褐色斑纹。虹膜褐色，嘴黑褐色，跗跖橄榄绿色，爪青灰色。

生活习性： 栖息于河流、湖泊及附近的沼泽地，以水生植物及其草籽为食，偶食水生昆虫、软体动物。

分布范围： 夏候鸟，旅鸟，在我市多地有记录，较少见。

罗纹鸭 | 摄影 子钧

赤颈鸭 | 摄影 聂延秋

赤颈鸭

chì jǐng yā

英文名称：Eurasian Wigeon	IUCN 红色名录等级：**LC**
拉丁学名：Mareca penelope	体长：41—52 厘米

形态特征： 雄鸟头和颈棕红色，额至头顶有一乳黄色纵带。雌鸟上体大都黑褐色，翼镜暗灰褐色，上胸棕色，其余下体白色。

生活习性： 栖息于江河、湖泊等各类水域中，主要以植物性食物为食。

分布范围： 旅鸟，在我市伊金霍洛旗有记录，少见。

赤颈鸭 | 摄影 吴佳正

绿头鸭 | 摄影 李晓红

绿头鸭
lǜ tóu yā

英文名称： Mallard

拉丁学名： Anas platyrhynchos

IUCN 红色名录等级： **LC**

体长： 57 厘米

绿头鸭 | 摄影 吴佳立

形态特征： 雄鸟上体大致黑褐色，下体灰白色，头颈灰绿色，嘴橄榄黄色，嘴甲黑色，中央两对尾羽绒黑色，末端向上卷曲。雌鸟上体黑褐色，下体浅棕色，具褐色斑点，嘴黑褐色，嘴端棕黄色。爪均黑色，虹膜棕黑色。

生活习性： 栖息于水浅且水生植物丰盛的湖泊、江河等水域，杂食性，以野生植物种子、茎叶及谷物、藻类、昆虫、软体动物为食。

分布范围： 夏候鸟，在我市大部分地区有繁殖，数量多，常见。

斑嘴鸭
bān zuǐ yā

英文名称： Eastern Spot-billed Duck
拉丁学名： Anas zonorhyncha

IUCN 红色名录等级： LC
体长： 60 厘米

形态特征： 雌雄相似。虹膜黑褐色，外圈橙黄色，嘴蓝黑色，端部黄色，跗跖及趾橙黄色，爪黑色。

生活习性： 栖息于江河、沼泽、湖泊等地带，以水生植物根、茎、种子及水藻、水生昆虫等为食。

分布范围： 夏候鸟，旅鸟，在我市大部分地区均有记录，数量多，常见。

斑嘴鸭 ┃ 摄影 耿斌

斑嘴鸭 ┃ 摄影 耿斌

针尾鸭

zhēn wěi yā

| 英文名称：Northern Pintail | IUCN 红色名录等级：LC |
| 拉丁学名：Anas acuta | 体长：55 厘米 |

针尾鸭 | 摄影 吴佳立

形态特征： 雄鸭背部满杂以淡褐色与白色相间的波状横斑，头暗褐色，颈侧有白色纵带与下体白色相连，翼镜铜绿色，正中一对尾羽特别延长。雌鸭体型较小，尾较雄鸟短，但较其他鸭尖长。

生活习性： 喜在河流、湖泊、低洼湿地觅食，主要以草籽和其他水生植物为食。

分布范围： 旅鸟，迁徙时在我市大部分地区均可见到，数量多。

针尾鸭 | 摄影 吴佳立

绿翅鸭 | 摄影 吴佳立

绿翅鸭
lǜ chì yā

英文名称：Green-Winged Teal
拉丁学名：Anas crecca

IUCN 红色名录等级：**LC**
体长：37 厘米

形态特征： 雄鸟头颈深栗色，眼周至头顶两侧具一绿黑色带斑，颏、额黑褐色，尾下覆羽两侧有三角形黄斑，双翅黑褐色，翼镜翠绿色。雌鸟褐色斑驳，头、颈棕灰色有过眼线。虹膜淡褐色，嘴黑色，脚棕褐色，爪黑色。

绿翅鸭 | 摄影 吴佳立

绿翅鸭 | 摄影 聂延秋

生活习性： 栖息于江河、湖泊和海湾水塘等水域，以植物性食物为主，亦食螺类、软体动物等。

分布范围： 夏候鸟，在我市大部分地区均有繁殖记录，数量多，常见。

琵嘴鸭 | 摄影 吴佳正

琵嘴鸭
pí zuǐ yā

| 英文名称：Northern Shoveler | IUCN 红色名录等级：LC |
| 拉丁学名：Spatula clypeata | 体长：48 厘米 |

形态特征： 雄性虹膜金黄色，嘴黑褐色。雌性虹膜淡褐色，跗跖和趾橙红色，爪蓝黑色。先端扩大成匙形，易与其他鸭类区别。

生活习性： 栖息于开阔地带的湖泊、河流等水域，主要以水生动物和种子等为食。

分布范围： 夏候鸟，在我市大部分地区均有繁殖记录，数量多，常见。

琵嘴鸭 | 摄影 吴佳正

白眉鸭 | 摄影 耿斌

白眉鸭

bái méi yā

英文名称：Garganey	IUCN 红色名录等级：LC
拉丁学名：Spatula querquedula	体长：40 厘米

形态特征： 雄鸟头、颈淡栗色，具宽阔白色眉纹。雌鸟眉纹棕白，上体大致黑褐色，颊具棕白斑。虹膜黑褐色，嘴棕黑色，先端黑色，跗跖深灰色。

生活习性： 栖息于湖泊、沼泽，取食水草、松藻的种子及谷物。

分布范围： 旅鸟，我市多地有记录，数量少，少见。

白眉鸭 | 摄影 段智慧

花脸鸭 ┃ 摄影 段智慧

花脸鸭

huā liǎn yā

英文名称： Baikal Teal

拉丁学名： Sibirionetta formosa

IUCN 红色名录等级： LC

体长： 42 厘米

形态特征： 雄鸟头顶至后枕黑褐色，头侧亮绿色，与黄、黑等色构成花斑状。雌鸟背部暗褐色，嘴基内侧有白色圆斑，脸侧有月牙形斑块，尾下覆羽白色。虹膜棕褐色，嘴黑色，跗跖灰色，爪黑色。

生活习性： 白天多栖息于江河、湖泊等水域休息，夜晚则到田野或水边浅水处觅食，以植物种子、水藻、田螺、昆虫等为食。

分布范围： 旅鸟，在我市伊旗有记录，极少见。

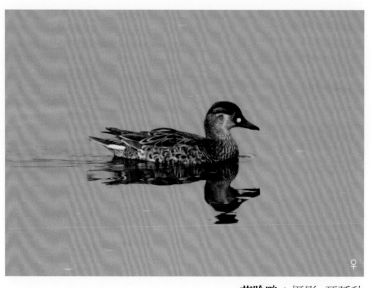

花脸鸭 ┃ 摄影 聂延秋

赤嘴潜鸭
chì zuǐ qián yā

英文名称：Red-crested Pochard
拉丁学名：Netta rufina

IUCN 红色名录等级：**LC**
体长：53 厘米

赤嘴潜鸭 | 摄影 吴佳正

形态特征：雄鸟头栗红色，羽冠棕黄色，背部褐色，虹膜红色或棕色，嘴赤红色。雌鸟虹膜棕褐色，嘴黑褐色先端粉红，跗跖黄褐色。

生活习性：栖息于水生植物丰富的淡水湖泊、淖尔中，主食水生植物嫩芽、藻类、草籽及螺类等。

分布范围：夏候鸟，在我市大部分地区均有繁殖记录，数量多，常见。

赤嘴潜鸭 | 摄影 吴佳立

红头潜鸭

hóng tóu qián yā

英文名称：Common Pochard	IUCN 红色名录等级：**VU**
拉丁学名：Aythya ferina	体长：47 厘米

形态特征： 雄鸟头和上颈栗红色，上背和胸黑色，虹膜黄色，嘴基铅黑色，中间灰白，嘴端黑色。雌性嘴基颜色较雄性淡，中间灰白色端斑窄。跗跖和趾铅色。

生活习性： 栖息于芦苇丛中和遮盖条件较好的开阔水面，善于潜水，喜食马来眼子菜、软体动物、鱼、蛙等。

分布范围： 夏候鸟，旅鸟，在我市大部分地区均有记录，常见。

红头潜鸭 | 摄影 耿斌

红头潜鸭 | 摄影 李晓红

青头潜鸭

qīng tóu qián yā

英文名称： Baer's Pochard

拉丁学名： Aythya baeri

IUCN 红色名录等级：CR

体长： 47 厘米

形态特征： 体圆，头大。雄鸟头和颈黑色，并具绿色光泽，眼白色，上体黑褐色，下背和两肩杂以褐色虫蠹状斑，腹部白色。雌鸟体羽纯褐色。

生活习性： 主要以各种水草的根、叶、茎和种子等为食，也吃软体动物、水生昆虫、甲壳类、蛙等动物性食物。

分布范围： 迷鸟，在我市达拉特旗、乌拉特前旗有记录，极罕见。

青头潜鸭 | 摄影 吴佳立

青头潜鸭 | 摄影 吴佳立（右后为青头潜鸭）

白眼潜鸭 | 摄影 耿斌

白眼潜鸭

bái yǎn qián yā

英文名称： Ferruginous Duck
拉丁学名： Aythya nyroca

IUCN 红色名录等级： NT
体长： 40 厘米

形态特征： 雄鸟的头、颈、前胸浓栗色，颏尖有三角形白斑，颈基部有不明显的黑褐色领环，上体大都黑褐色。雌鸟的头、颈棕褐色，余部与雄鸭相似。雄鸟虹膜白色，雌鸟灰褐色。嘴、跗跖、趾均灰黑色。

生活习性： 栖息于富有水生生物和苇丛的淡水或半咸水的湖沼、低湿地等，善于潜水，以水生植物嫩芽、茎及昆虫、蛙、小鱼、蠕虫为食。

分布范围： 夏候鸟，在我市大部分地区均有记录，常见。

白眼潜鸭 | 摄影 吴佳正

凤头潜鸭
fèng tóu qián yā

英文名称： Tufted Duck

拉丁学名： Aythya fuligula

IUCN 红色名录等级： LC

体长： 45 厘米

形态特征： 雄鸟头颈具紫色金属光泽，后头长有长而下垂的冠羽。雌鸟全身黑褐色，下胸、腹部和两胁灰白，头上羽冠较短。虹膜鲜黄，嘴灰色，嘴甲及嘴端黑色，跗跖、趾铅灰色，蹼黑色。

生活习性： 栖息于湖泊、池塘、江河等开阔水域，常集群活动，善潜水，常潜入数米深水下捕食鱼、虾、蟹等软类动物，也兼食少量水生植物。

分布范围： 夏候鸟，旅鸟，在我市大部分地区均有记录，常见。

凤头潜鸭 | 摄影 吴佳正

凤头潜鸭 | 摄影 耿斌

鹊鸭 | 摄影 耿斌

鹊鸭
què yā

英文名称： Common Goldeneye	**IUCN 红色名录等级：** LC
拉丁学名： Bucephala clangula	**体长：** 46 厘米

形态特征： 雄鸟头和上颈部黑色，具紫蓝色金属光泽，额顶上隆，近嘴基颊部有大型白色圆形斑，虹膜金黄色，嘴黑色，跗跖和趾橙黄色，蹼和爪黑褐色。雌鸟体型略小，头、颈褐色，颊部无白斑，虹膜金黄，嘴暗褐色，蹼暗黑色。

生活习性： 栖息于湖泊和沿海水域，善潜水，杂食性，以捕食小鱼、软体动物和甲壳类动物或草籽为食。

分布范围： 旅鸟，在我市大部分地区均有记录，较少见。

斑头秋沙鸭

bān tóu qiū shā yā

英文名称：Smew

拉丁学名：Mergellus albellus

IUCN 红色名录等级：**LC**

体长：42厘米

斑头秋沙鸭 | 摄影 何静波

别名 | 熊猫鸭

形态特征：雄鸟夏羽以白色为主，枕部羽毛伸长形成羽冠，中央白色，两边黑色。雌鸟上体黑褐色，额至后颈栗褐色。虹膜红色或褐色，嘴和跗跖沾灰色或绿灰色。

生活习性：栖息于河、湖、池塘等，善潜水，飞行迅速，以鱼类、软体动物、种子为主食。

分布范围：夏候鸟，旅鸟，在我市大部分地区均有记录，常见。

普通秋沙鸭 | 摄影 吴佳正

普通秋沙鸭
pǔ tōng qiū shā yā

| 英文名称：Common Merganser | IUCN 红色名录等级：**LC** |
| 拉丁学名：Mergus merganser | 体长：61 厘米 |

形态特征： 雄鸟嘴细而尖，头、上颈、羽冠黑色，具暗绿色金属光泽。雌鸟头、上颈、羽冠棕褐色，下颏、前胸白色，枕部有短的棕褐色冠羽。虹膜暗褐色，嘴暗红色，嘴峰黑色，跗跖肉红色。

生活习性： 栖息、繁殖于淡水湖和森林地区的河流水塘周围，主要以鱼类为食。

分布范围： 夏候鸟，旅鸟，在我市大部分地区有记录，较少见。

普通秋沙鸭 | 摄影 李晓红

小䴙䴘 | 摄影 吴佳立

小䴙䴘
xiǎo pì tī

英文名称：Little Grebe	**IUCN 红色名录等级**：**LC**
拉丁学名：Tachybaptus ruficollis	**体长**：26 厘米

别名 | 王八鸭子

形态特征：雌雄相似。眼先、颊、颏和上喉等均黑色，下喉、耳区和颈棕栗色，上胸黑褐色、羽端苍白色，脚黑色，腿很靠后，所以走路不稳。

小䴙䴘 | 摄影 吴佳正

小䴙䴘 | 摄影 吴佳正

生活习性：以捕捉的小鱼为主，偶尔也会捕捉小虾子或水中的小型节肢动物。

分布范围：夏候鸟，在我市大部分地区有繁殖，数量多，常见。

形态特征： 雌雄相似。颈修长，有显著的黑色羽冠。下体近乎白色而具光泽，上体灰褐色，虹膜近红，嘴黄色，下颚基部带红色，嘴峰近黑，脚近黑。

凤头䴙䴘 | 摄影 耿斌

凤头䴙䴘 | 摄影 耿斌

生活习性： 栖息于江河、湖泊、池塘等水域，潜水能力强，以软体动物、鱼、甲壳类和水生植物等为食。

分布范围： 夏候鸟，在我市大部分地区均有繁殖记录，数量多，常见。

凤头䴙䴘
fēng tóu pì tī

英文名称： Great Crested Grebe	**IUCN 红色名录等级：** LC
拉丁学名： Podiceps cristatus	**体长：** 56 厘米

凤头䴙䴘 | 摄影 魏永生

角鹏鹏 | 摄影 耿斌

角鹏鹏	英文名称：Horned Grebe	IUCN 红色名录等级：**VU**
jiǎo pì tī	拉丁学名：Podiceps auritus	体长：39 厘米

形态特征： 雌雄相似。虹膜为红色，从眼睛前面开始向眼后方的两侧各有一簇金栗色的饰羽丛伸向头的后部，呈双角状，极为醒目，故名角鹏鹏。

角鹏鹏 | 摄影 吴佳正

角鹏鹏 | 摄影 耿斌

生活习性： 主要以各种水生动物为食，也吃少量植物种子。

分布范围： 旅鸟，在我市达拉特旗北部有记录，数量少，极少见。

黑颈鹇䴘

hēi jǐng pì tī

英文名称：Black-necked Grebe
拉丁学名：Podiceps nigricollis

IUCN 红色名录等级：**LC**
体长：30 厘米

形态特征： 繁殖期成鸟具松软的黄色耳簇，耳簇延伸至耳羽后，前颈黑色，嘴较角鹇䴘上扬。

生活习性： 成群在淡水或咸水上繁殖，冬季结群于湖泊及沿海。

分布范围： 夏候鸟，在我市大部分地区均有繁殖记录，数量多，常见。

黑颈鹇䴘 | 摄影 吴佳立

黑颈鹇䴘 | 摄影 吴佳正

大红鹳 | 摄影 吴佳正

大红鹳

dà hóng guàn

英文名称：Greater Flamingo

拉丁学名：Phoenicopterus roseus

IUCN 红色名录等级：**LC**

体长：142 厘米

别名 | 火烈鸟 |

形态特征：雌雄相似。体型大小似鹳，嘴短而厚，上嘴中部突向下曲，下嘴较大成槽状。

生活习性：栖息于咸水湖泊，嘴往两边甩动以寻找食物，以水中甲壳类、软体动物、鱼、水生昆虫等为食。

分布范围：迷鸟，在我市乌审旗首次发现，迁徙情况不详。

大红鹳 | 摄影 耿斌

原鸽

yuán gē

| 英文名称：Rock Pigeon | IUCN 红色名录等级：**LC** |
| 拉丁学名：Columba livia | 体长：35 厘米 |

形态特征： 雌雄相似。头、颈、胸、上背等均暗石板灰色，下颈和上胸均闪以暗紫绿光辉，下背和腰浅蓝灰，但雌鸟体色一般要暗一些。

生活习性： 多以作物种子，如小麦、青稞等为食。

分布范围： 留鸟，在我市多地都有分布，少见。

原鸽 | 摄影 聂延秋

岩鸽 | 摄影 聂延秋

岩鸽
yán   gē

| | 英文名称：Hill Pigeon | IUCN 红色名录等级：LC |
| 拉丁学名：Columba rupestris | 体长：35 厘米 |

形态特征： 雌雄相似。嘴爪平直或稍弯曲，嘴基部柔软，被以蜡膜，嘴端膨大而具角质，颈和脚均较短，胫全被羽。

生活习性： 栖息于山地岩石和悬岩峭壁处，常成群活动。

分布范围： 旅鸟，在我市西北部地区有记录，少见。

岩鸽 | 摄影 吴佳正

山斑鸠

shān bān jiū

英文名称：Oriental Turtle Dove	IUCN 红色名录等级：**LC**
拉丁学名：Streptopelia orientalis	体长：32 厘米

山斑鸠 | 摄影 何静波

形态特征： 雌雄相似。虹膜黄色，喙灰色，颈侧具黑白相间的条状斑纹，上体多灰色具棕色羽缘并形成扇贝样斑纹，下体淡粉色，尾深灰色，脚粉色。

生活习性： 常成对或成小群活动，有时成对栖息于树上，或成对一起飞行和觅食，主要吃各种植物的果实、种子、草籽、嫩叶、幼芽，也吃农作物。

分布范围： 夏候鸟，旅鸟，在我市乌审旗有记录，少见。

山斑鸠 | 摄影 吴佳正

灰斑鸠
huī bān jiū

英文名称：Eurasian Collared Dove
拉丁学名：Streptopelia decaocto

IUCN 红色名录等级：**LC**
体长：30厘米

灰斑鸠｜摄影 耿斌

形态特征： 雌雄相似。上体大部淡葡萄褐色，头顶灰色，后颈基部有一黑色半月状领环，领环下缘淡蓝灰色，虹膜红色，眼周裸出灰白色，嘴近黑色，脚暗粉红色。

生活习性： 栖息于平原及疏林地带，常在农田及村落附近活动，主要以作物种子、杂草籽为食。

分布范围： 留鸟，在我市大部分地区均有繁殖记录，数量多，常见。

灰斑鸠｜摄影 耿斌

灰斑鸠 ┃ 摄影　吴佳正

火斑鸠
huǒ bān jiū

英文名称: Red Turtle Dove	**IUCN 红色名录等级:** LC
拉丁学名: Streptopelia tranquebarica	**体长:** 32 厘米

火斑鸠 | 摄影 吴佳正

形态特征: 雄鸟额、头顶至后颈蓝灰色,头侧和颈侧亦为蓝灰色,但稍淡。雌鸟额和头顶淡褐而沾灰,后颈基处黑色领环较细窄,不如雄鸟明显,且黑色颈环外缘有白边。虹膜暗褐色,嘴黑色,脚褐红色,爪黑褐色。

生活习性: 主要以植物浆果、种子和果实为食,也吃稻谷、玉米、荞麦、小麦、高粱、油菜籽等农作物种子,有时也吃白蚁、蛹和昆虫等动物性食物。

分布范围: 在我市乌审旗有记录,旅鸟,少见。

火斑鸠 | 摄影 聂延秋

珠颈斑鸠 | 摄影 吴佳正

珠颈斑鸠
zhū jǐng bān jiū

英文名称： Spotted Dove	**IUCN 红色名录等级：** LC
拉丁学名： Streptopelia chinensis	**体长：** 32 厘米

形态特征： 雌雄羽色相似。上体以褐色为主，下体粉红色，后颈有宽阔的黑色领斑，缀以白色的珠状细斑，外侧尾羽黑褐色，末端白色。虹膜暗褐，嘴黑褐色，脚趾紫红色，爪黑褐色。

生活习性： 栖息于多树的草地、农田或住家附近，以作物种子、杂草种子为主食，也食昆虫及幼虫。

分布范围： 留鸟，在我市大部分地区均有繁殖记录，常见。

珠颈斑鸠 | 摄影 吴佳正

毛腿沙鸡

máo tuǐ shā jī

英文名称：Pallas's Sandgrouse

拉丁学名：Syrrhaptes paradoxus

IUCN 红色名录等级：LC

体长：27—43 厘米

别名 沙鸡子

形态特征： 雄鸟胸部浅灰色，黑色的细横纹形成胸带。雌鸟喉部有一条黑色的细横纹，颈部密布黑色斑点。尾长而尖，翅亦尖长，腹部具一大形黑斑，脚短、跗蹠被羽直到趾。

生活习性： 主要栖息于平原草地、荒漠和半荒漠地区，常成群活动，不迁徙，但游荡，以各种野生植物种子、浆果、嫩芽等植物性食物为食。

分布范围： 留鸟，在我市大部分地区均有繁殖记录，常见。

毛腿沙鸡 | 摄影 吴佳立

毛腿沙鸡 | 摄影 吴佳立

普通夜鹰
pǔ tōng yè yīng

英文名称：Grey Nightjar
拉丁学名：Caprimulgus indicus

IUCN 红色名录等级：**LC**
体长：27 厘米

形态特征： 通体几乎为暗褐斑杂状，喉具白斑。雌鸟飞羽具黄斑，外侧尾羽无白斑。虹膜褐色，嘴偏黑，脚巧克力色。

生活习性： 单独或成对活动，夜行性，主要以天牛、岔龟子、甲虫、夜蛾、蚊、蚋等昆虫为食。

分布范围： 旅鸟，迷鸟，在我市杭锦旗有记录，极少见。

普通夜鹰 | 摄影 吴佳正

普通夜鹰 | 摄影 聂延秋

欧夜鹰 | 摄影 吴佳正

欧夜鹰
ōu yè yīng

英文名称: European Nightjar

拉丁学名: Caprimulgus europaeus

IUCN 红色名录等级: LC

体长: 29 厘米

欧夜鹰 | 摄影 吴佳正

欧夜鹰 | 摄影 吴佳立

形态特征: 雌雄相似。头顶灰褐色,具黑色纵纹,虹膜暗褐,嘴黑色,跗跖和趾暗棕红色,爪黑褐色。

生活习性: 栖息柳灌丛中,以小甲虫、蝗虫、蝼蛄、虻、蝇等为食。

分布范围: 夏候鸟,在我市鄂托克旗有繁殖记录,数量少,少见。

普通雨燕
pǔ tōng yǔ yàn

英文名称： Common Swift
拉丁学名： Apus apus

IUCN 红色名录等级： LC
体长： 18 厘米

形态特征： 雌雄相似。体型小，翼长呈镰刀形，上体、翅、尾暗褐色，缀黑褐色细羽干纹，其余下体暗褐，微具灰白色羽缘。

生活习性： 栖息于水源附近的山坡、岩壁，主要以昆虫为食。

分布范围： 夏候鸟，在我市大部分地区均有记录，常见。

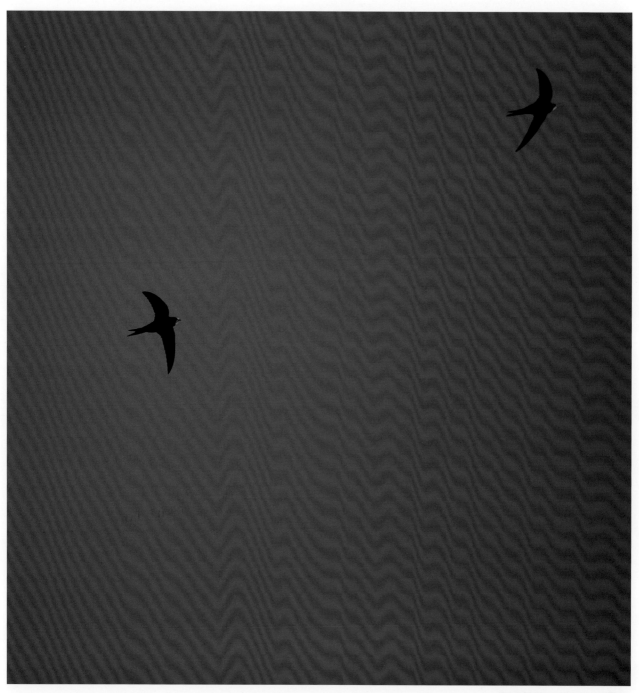

普通雨燕 | 摄影 吴佳立

四声杜鹃 | 摄影 聂延秋

四声杜鹃
sì shēng dù juān

英文名称： Indian Cuckoo	**IUCN 红色名录等级：** LC
拉丁学名： *Cuculus micropterus*	**体长：** 30 厘米

形态特征： 似大杜鹃，区别在于尾灰并具黑色次端斑，且虹膜较暗，灰色头部与深灰色的背部成对比。雌鸟较雄鸟多褐色。虹膜黄色，嘴暗灰褐色，下嘴基部和嘴裂黄色，脚、趾黄色，爪黑褐色。

生活习性： 栖息于树林中，响亮清晰的四声哨音不断重复，第四声较低，常在晚上叫。

分布范围： 夏候鸟，在我市东胜区有记录，少见。

中杜鹃

zhōng dù juān

英文名称：Himalayan Cuckoo

拉丁学名：Cuculus saturatus

IUCN 红色名录等级：LC

体长：26 厘米

形态特征： 虹膜红褐色，眼圈黄色，喙角质色，胸及上体灰色，尾纯黑灰色而无斑，下体皮黄色，具黑色横斑。亚成鸟及棕色型雌鸟上体棕褐色且密布黑色横斑，近白的下体具黑色横斑直至颏部。与大杜鹃及四声杜鹃区别在于胸部横斑较粗较宽，鸣声也有异。

生活习性： 栖息于山地、林地中，常单独活动，多站在高大而茂密的树上不断地鸣叫，主要以昆虫为食。

分布范围： 旅鸟，在我市准格尔旗有记录，少见。

中杜鹃 | 摄影 聂延秋

大杜鹃
dà dù juān

| 英文名称：Common Cuckoo | IUCN 红色名录等级：**LC** |
| 拉丁学名：Cuculus canorus | 体长：30 厘米 |

形态特征：雌雄同色。上体灰色，两翼暗褐色，翼角边缘白色而具有褐色细横斑，腹部白色且具有黑褐色横斑，虹膜黄色，嘴黑褐色，嘴端近黑色，下嘴基部黄色，脚、爪黄色。

生活习性：喜欢在有林地带及大片芦苇地内活动，鸣声响亮，二声一度，如"KUK — KU"，"布谷鸟"之名因此而得。吃各种毛虫，特别是繁殖期间几乎纯以毛虫为食，偶尔也吃硬壳的昆虫。繁殖期 4—7 月，自己不营巢，将卵置于伯劳、苇莺的巢中代孵，卵色随寄主不同变化大。

分布范围：夏候鸟，在我市大部分地区均有记录，常见。

大杜鹃 | 摄影　吴佳正

大杜鹃 | 摄影　吴佳正

大鸨
dà bǎo

英文名称：Great Bustard
拉丁学名：Otis tarda

IUCN 红色名录等级：**VU**
体长：100 厘米

形态特征： 大鸨成鸟两性体形和羽色相似，但雌鸟较小。繁殖期的雄鸟前颈及上胸呈蓝灰色，头顶中央从嘴基到枕部有一黑褐色纵纹，颏、喉及嘴角有细长的白色纤羽，在喉侧向外突出如须，长达 10—12 厘米。

生活习性： 栖息于广阔草原、半荒漠地带及农田草地，通常成群一起活动，既吃野草，又吃甲虫、蝗虫、毛虫等。

分布范围： 夏候鸟，旅鸟。在我市大部分地区均有记录，少见。

大鸨 | 摄影 吴佳立

大鸨 | 摄影 吴佳立

大鸨 | 摄影 吴佳立

普通秧鸡 | 摄影 吴佳正

普通秧鸡
pǔ tōn yāng jī

英文名称：Brown-cheeked Rail
拉丁学名：Rallus indicus

IUCN 红色名录等级：LC
体长：29 厘米

形态特征： 雌雄相似。上体橄榄褐色具黑褐色纵纹，头顶褐色，颈胸灰色，两胁具黑白色横斑，虹膜红褐色，上嘴黑褐色，下嘴黄褐色，脚褐色。

生活习性： 栖息于河湖岸边、沼泽湿地的芦苇丛、草丛及林缘、水田中，以昆虫、小鱼、甲壳类、软体动物为食。

分布范围： 夏候鸟，偶有极少数留鸟，在我市大部分地区均有记录，常见。

普通秧鸡 | 摄影 耿斌

小田鸡
xiǎo tián jī

英文名称：Baillon's Crake
拉丁学名：Zapornia pusilla

IUCN 红色名录等级：LC
体长：18 厘米

形态特征： 雌雄相似。嘴短，背部具白色纵纹，两胁及尾下具白色细横纹。雄鸟头顶及上体红褐，具黑白色纵纹，胸及脸灰色。雌鸟色暗，耳羽褐色。嘴基无红色，腿偏粉色。

生活习性： 栖于沼泽型湖泊及多草的沼泽地带，常单独行动，性胆怯，受惊即迅速窜入植物中，杂食性，但食谱中大部分为水生昆虫及其幼虫。

分布范围： 旅鸟，在我市乌审旗、伊金霍洛旗有记录，少见。

小田鸡 ｜ 摄影 吴佳正

白胸苦恶鸟 | 摄影 何静波

白胸苦恶鸟

bái xiōng kǔ è niǎo

英文名称： White-breasted Waterhen
拉丁学名： Amaurornis phoenicurus

IUCN 红色名录等级：LC
体长： 35 厘米

形态特征： 雌雄相似。上体暗石板灰色，两颊、喉至胸、腹均为白色，下腹和尾下覆羽栗红色，虹膜红色，嘴黄绿色，上嘴基部橙红色，腿、脚黄褐色。

生活习性： 偶尔集成 3 — 5 只的小群，杂食性，吃草籽和水生植物的嫩茎和根，也吃昆虫类食物。

分布范围： 旅鸟，在我市鄂托克旗首次被发现，少见。

白胸苦恶鸟 | 摄影 吴佳正

董鸡

dǒng jī

英文名称：Watercock
拉丁学名：Gallicrex cinerea

IUCN 红色名录等级：LC
体长：40 厘米

形态特征： 雄鸟头顶有像鸡冠样的红色额甲，其后端突起游离呈尖形，全体灰黑色，下体较浅。雌鸟体较小，额甲不突起，上体灰褐色。非繁殖期雄鸟的羽色与雌鸟相同。

生活习性： 栖息于芦苇沼泽，灌水的稻田或甘蔗田，湖边草丛和多水草的沟渠。

分布范围： 旅鸟，在我市伊金霍洛旗被首次记录到，少见。

董鸡 | 摄影 何静波

董鸡 | 摄影 何静波

黑水鸡
hēi shuǐ jī

| 英文名称：Common Moorhen | IUCN 红色名录等级：**LC** |
| 拉丁学名：Gallinula chloropus | 体长：33 厘米 |

黑水鸡 | 摄影 耿斌

别名 | 红骨顶

形态特征： 雌雄相似。全身羽毛黑色，虹膜赤色，前额至嘴基部鲜红色，嘴端黄绿色，脚灰绿色，小腿裸露处有一块红色，爪黑色。

生活习性： 栖息于水域周围的灌木丛、蒲草、苇丛，善潜水，多成对活动，以水草、小鱼虾、水生昆虫等为食。

分布范围： 夏候鸟，在我市大部分地区均有繁殖记录，常见。

黑水鸡 | 摄影 吴佳正

白骨顶 | 摄影 吴佳正

白骨顶

bái gǔ dǐng

英文名称: Common Coot	IUCN 红色名录等级: LC
拉丁学名: Fulica atra	体长: 39 厘米

形态特征: 雌雄相似。体羽石板黑色，虹膜红褐色，额板象牙白色，脚暗绿色，趾间有瓣蹼，爪黑褐色。

生活习性: 栖息于湖泊、水塘、沼泽等地，以浮萍、谷物、昆虫、小鱼等为食。

分布范围: 夏候鸟，有少数留鸟，在我市大部分地区均有繁殖记录，数量多，常见。

白骨顶 | 摄影 耿斌

白枕鹤 | 摄影 吴佳正

白枕鹤
bái zhěn hè

英文名称： White-naped Crane
拉丁学名： Grus vipio

IUCN 红色名录等级： **VU**
体长： 150 厘米

形态特征： 雌雄相似。脸侧裸皮红色，边缘及斑纹黑色，喉及颈背白色，枕、胸及颈前灰色延至颈侧成狭窄尖线条，初级飞羽黑色，体羽余部为不同程度的灰色。

生活习性： 栖息于开阔平原、芦苇沼泽和水草沼泽地带，也栖息于开阔的河流及湖泊岸边、邻近的沼泽草地。

分布范围： 旅鸟，在我市乌审旗被首次记录到，少见。

白枕鹤 | 摄影 吴佳正

蓑羽鹤
suō yǔ hè

英文名称：Demoiselle Crane
拉丁学名：Grus virgo

IUCN 红色名录等级：**LC**
体长：76 厘米

别名 | 夜咕噜 |

形态特征： 雌雄相似。体羽蓝色，额、头顶、枕中部灰色，眼先、头侧、喉和颈黑色，延长的耳簇羽白色，前颈黑色蓑羽垂于胸前，虹膜红色，嘴黑色。

生活习性： 栖息于草甸草原、典型草原和荒漠草原，以植物的种子、根茎、叶为食，也食野鼠、蜥蜴、昆虫等。

分布范围： 夏候鸟，在我市大部分地区均有繁殖记录，常见。

蓑羽鹤 | 摄影 耿斌

蓑羽鹤 | 摄影 张贵斌

灰鹤

huī hè

英文名称：Common Crane

拉丁学名：Grus grus

IUCN 红色名录等级：LC

体长：110 厘米

形态特征： 雌雄羽色相似。头顶裸皮鲜红色，两颊及颈侧灰白色，喉及前后颈灰黑色，虹膜黄褐色，嘴青灰色，先端略淡，脚黑灰色。

生活习性： 栖息于近水平原、沙滩、草原、丘陵等地，常在水边草地上以水草、谷物、植物种子为食。

分布范围： 冬候鸟，旅鸟，在我市大部分地区均有记录，常见。

灰鹤 | 摄影 吴佳正

灰鹤 | 摄影 吴佳立

灰鹤 | 摄影 王玉科

黑翅长脚鹬｜摄影 吴佳正

黑翅长脚鹬
hēi chì cháng jiǎo yù

英文名称： Black-winged Stilt
拉丁学名： Himantopus himantopus

IUCN 红色名录等级： LC
体长： 37 厘米

形态特征： 雌鸟和雄鸟基本相似。黑翅长脚鹬夏羽雄鸟额白色，头顶至后颈黑色，或白色而杂以黑色。虹膜红色，嘴细而尖，黑色，脚细长，血红色。

生活习性： 栖息于开阔平原草地中的湖泊、浅水塘和沼泽地带，主要以软体动物及小鱼和蝌蚪等动物性食物为食。

分布范围： 夏候鸟，在我市大部分地区均有繁殖记录，数量多，常见。

黑翅长脚鹬｜摄影 吴佳正

反嘴鹬
fǎn zuǐ yù

英文名称： Pied Avocet
拉丁学名： Recurvirostra avosetta

IUCN 红色名录等级： LC
体长： 43 厘米

形态特征： 雌雄同色。嘴细长上翘，头顶、前额、肩颈部、眼先黑色，飞行时从下面看体羽全白，仅翼尖黑色，虹膜红褐，嘴黑色，腿脚淡蓝色。

生活习性： 繁殖期常单独或成对活动，觅食时将嘴放入水中左右扫动，不断翻动泥沙取食，以昆虫和软体动物为主食。

分布范围： 夏候鸟，在我市大部分地区均有繁殖记录，数量多，常见。

反嘴鹬 | 摄影 吴佳正

反嘴鹬 | 摄影 白杰

凤头麦鸡
fèng tóu mài jī

英文名称： Northern Lapwing
拉丁学名： Vanellus vanellus

IUCN 红色名录等级： NT
体长： 32 厘米

形态特征： 雄鸟上体黑绿色且具金属光泽，有黑色细长冠羽，颈后暗褐色，颈侧白色。雌鸟额、头顶及冠羽羽色较雄鸟淡，虹膜暗褐色，嘴黑色，腿趾暗栗色，爪黑色。

生活习性： 栖息于河边、滩地、沼泽、湿地、田间等地，以昆虫、蚯蚓、植物、种子等为食。

分布范围： 夏候鸟，在我市大部分地区均有繁殖记录，数量多，分布广，常见。

凤头麦鸡 | 摄影 吴佳立

凤头麦鸡 | 摄影 吴佳正

灰头麦鸡

huī tóu mài jī

英文名称：Grey-headed Lapwing

拉丁学名：Vanellus cinereus

IUCN 红色名录等级：**LC**

体长：35 厘米

灰头麦鸡 | 摄影 吴佳正

形态特征：雌雄相似。上体棕褐色，头颈部灰色，两翼翼尖黑色，虹膜红色，嘴黄色，先端黑色，脚黄色，爪黑色。

生活习性：栖息于沼泽、湿地、近水的开阔地带，以昆虫、蚯蚓、螺类为食。

分布范围：旅鸟，夏候鸟，在我市大部分地区均有繁殖记录，数量多，分布广，常见。

灰头麦鸡 | 摄影 耿斌

金鸻
jīn héng

英文名称：Pacific Golden Plover
拉丁学名：Pluvialis fulva

IUCN 红色名录等级：**LC**
体长：24 厘米

金鸻｜摄影 吴佳正

形态特征：雄鸟繁殖羽上体黑色，密布金黄色斑。雌鸟繁殖羽与雄鸟相似，颏喉部杂以白色斑点。虹膜黑褐，嘴黑色，脚趾、爪黑紫色。

金鸻｜摄影 吴佳立

金鸻｜摄影 耿斌

生活习性：栖息于河岸附近的水塘、沼泽及空旷草原，以植物种子、嫩芽、软体动物、昆虫等为食。

分布范围：旅鸟，在我市大部分地区均有记录，少见。

灰鸻｜摄影 聂延秋

灰鸻

huī héng

| 英文名称：Grey Plover | IUCN 红色名录等级：**LC** |
| 拉丁学名：Pluvialis squatarola | 体长：28 厘米 |

形态特征： 雌雄相似。虹膜褐色，喙黑色，似金鸻，但体型较大，上体黑色带白点，无黄色斑，面颊黑色经前颈一直延伸至胸部及腹部边缘。

生活习性： 见于滨海潮间带的淡水湿地，很少去多草的区域取食。

分布范围： 旅鸟，我市杭锦旗有记录，少见。

灰鸻｜摄影 聂延秋

剑鸻

jiàn héng

英文名称：Common Ringed Plover

拉丁学名：Charadrius hiaticula

IUCN 红色名录等级：LC

体长：19 — 21 厘米

剑鸻 | 摄影 赵元明

剑鸻 | 摄影 赵元明

形态特征： 雌雄相似。喙黄色顶端为黑色，额基黑色，头上部的黑色条带与灰褐色之间没有白色的条纹相隔，具有极强的飞行能力。

生活习性： 生活环境多与湿地有关，离不开水，主要以龙虱、步行甲等昆虫和幼虫为食，也吃植物嫩芽和杂草种子。

分布范围： 旅鸟，我市杭锦旗有记录，少见。

长嘴剑鸻

cháng zuǐ jiàn héng

| 英文名称：Long-billed Plover | IUCN 红色名录等级：**LC** |
| 拉丁学名：Charadrius placidus | 体长：22 厘米 |

形态特征：雌雄相似。虹膜褐色，喙黑色，喙及尾较剑鸻和金眶鸻长，腿及脚暗黄色。

生活习性：同剑鸻。

分布范围：旅鸟，我市杭锦旗有记录，少见。

长嘴剑鸻 | 摄影 聂延秋

金眶鸻 | 摄影 吴佳正

金眶鸻
jīn kuàng héng

英文名称：Little Ringed Plover
拉丁学名：Charadrius dubius

IUCN 红色名录等级：LC
体长：16 厘米

形态特征： 雌雄羽色相似。虹膜暗褐色，眼周金黄色，嘴黑色，下嘴基部橙黄色，脚黄色，爪黑色。

生活习性： 栖息于礁岩、湖泊、河滩或水稻田边，以食昆虫为主，也食植物种子、蠕虫等。

分布范围： 候鸟，在我市大部分地区均有繁殖记录，数量多，分布广，常见。

金眶鸻 | 摄影 吴佳正

环颈鸻 | 摄影 吴佳正

环颈鸻

huán jǐng héng

英文名称：Kentish Plover

拉丁学名：Charadrius alexandrinus

IUCN 红色名录等级：**LC**

体长：16 厘米

形态特征：雄鸟头颈有黑斑，头后及枕部棕褐色。雌鸟头顶、过眼线和前胸斑块灰褐色，非繁殖羽额及胸侧黑色变褐。虹膜暗褐色，嘴黑色，跗跖和趾橄榄灰黑色。

生活习性：栖息于河岸沙滩、沼泽草地上，以昆虫、蠕虫、植物种子等为食。

分布范围：夏候鸟，在我市大部分地区均有繁殖记录，数量多，分布广，常见。

环颈鸻 | 摄影 耿斌

蒙古沙鸻
měng gǔ shā héng

英文名称：Lesser Sand Plover
拉丁学名：Charadrius mongolus

IUCN 红色名录等级：LC
体长：20 厘米

形态特征： 上体灰褐色，下体包括颏、喉、前颈、腹部白色。繁殖羽雄鸟颊和喉白色，额有黑带，胸和颈棕红色。

蒙古沙鸻 | 摄影 吴佳正

蒙古沙鸻 | 摄影 吴佳立

生活习性： 似其他鸻。

分布范围： 夏候鸟，在我市大部分地区均有记录，常见。

蒙古沙鸻 | 摄影 吴佳正

铁嘴沙鸻

tiě zuǐ shā héng

英文名称： Greater Sand Plover
拉丁学名： Charadrius leschenaultii

IUCN 红色名录等级：LC
体长： 22—25 厘米

形态特征： 与蒙古沙鸻近似，但体形较大，胸部具锈赤色横斑带，横带前缘无细黑边，眼先、贯眼纹、耳羽均黑色，嘴粗壮且直，黑色，跗跖及脚灰黄，冬羽时锈色斑及黑色贯眼纹消失。

生活习性： 似其他鸻。

分布范围： 旅鸟，在我市大部分地区均有记录，常见。

铁嘴沙鸻 | 摄影 吴佳正

东方鸻 | 摄影 吴佳正

东方鸻
dōng fāng héng

| **英文名称：** Oriental Plover | **IUCN 红色名录等级：** LC |
| **拉丁学名：** Charadrius veredus | **体长：** 24 厘米 |

形态特征： 栗色的胸与白腹对比明显，夏羽，脸为少见的白色。雄鸟头、面颊、颈白色，头顶、颈后至体上褐棕色，腹白色，栗色胸部下紧接黑色胸带。雌鸟颇似雄鸟，但脸颊污棕色，胸部栗色较淡，后缘无黑色胸带。嘴黑色，脚橙色。

东方鸻 | 摄影 吴佳正

东方鸻 | 摄影 吴佳正

生活习性： 栖息于干旱平原、砾石荒地、浅水沼泽，以昆虫为食。

分布范围： 夏候鸟，旅鸟，在我市鄂托克旗有繁殖记录，少见。

彩鹬 | 摄影 吴佳正

彩鹬
cǎi yù

英文名称: Greater Painted Snipe	**IUCN 红色名录等级**: **LC**
拉丁学名: Rostratula benghalensis	**体长**: 25 厘米

形态特征: 虹膜红色，喙黄色，脚近黄色。雌雄羽色反转，雌性多彩色而雄性颜色平淡。雌鸟头及胸深栗色，顶纹黄色，眼周白色并向后延伸呈条形斑，颈下基部与翼之间具白色环带并与白色下体相连。雄鸟体型较雌鸟小，眼斑皮黄色，上体棕黄色。

生活习性: 栖息于平原、丘陵和山迎地中的芦苇水塘，沼泽等，性隐蔽而胆怯。

分布范围: 夏候鸟，在我市北部达拉特旗、杭锦旗部分地区有繁殖记录，不常见。

彩鹬 | 摄影 何静波

丘鹬
qiū yù

英文名称：Eurasian Woodcock

拉丁学名：Scolopax rusticola

IUCN 红色名录等级：LC

体长：35 厘米

形态特征： 雌雄相似。体型肥胖，腿短，嘴长且直，与沙锥相比体型较大，头顶及颈背具斑纹。

生活习性： 见于林间沼泽、湿草地和林缘灌丛地带，属夜行性的森林鸟，主要以昆虫幼虫等小型无脊椎动物为食，有时也食植物根、浆果和种子。

分布范围： 旅鸟，在我市中南部多地均有记录，偶见。

丘鹬 | 摄影 聂延秋

丘鹬 | 摄影 刘海军

姬鹬

jī yù

英文名称：Jack Snipe

拉丁学名：Lymnocryptes minimus

IUCN 红色名录等级：**LC**

体长：18 厘米

形态特征： 雌雄相似。与其他沙锥区别在于头顶中心无纵纹，尾呈楔形，上体具绿色及紫色光泽，尾色暗而无棕色横斑。

生活习性： 栖于沼泽地带及稻田，进食时头不停地点动，觅食多在水边沙岸或泥地上，觅食时将长嘴插入土中，有规律地上下活动取食。

分布范围： 旅鸟，在我市杭锦旗北部有记录，偶见。

姬鹬 | 摄影 苗春林

孤沙锥 | 摄影 聂延秋

孤沙锥
gū shā zhuī

英文名称：Solitary Snipe	IUCN 红色名录等级：LC
拉丁学名：Gallinago solitaria	体长：32 厘米

形态特征： 雌雄相似。体色暗淡而富于条纹，嘴形直，有时微向上或向下弯曲，鼻沟长，通常超过上嘴长度之半，颈部也略长，翅稍尖而短。

生活习性： 多在水域附近营巢繁殖，巢筑于地表干燥的凹陷处，略敷以杂草，少数种类亦营巢于树上，主要以蠕虫、昆虫、甲壳类、植物为食。

分布范围： 旅鸟，在我市乌审旗、达拉特旗均有记录，少见。

针尾沙锥 | 摄影 聂延秋

针尾沙锥

zhēn wěi shā zhuī

英文名称：Pintail Snipe
拉丁学名：Gallinago stenura

IUCN 红色名录等级：LC
体长：24 厘米

形态特征：雌雄相似。较其他沙锥体小且腿略显短。上体褐色，具白黄色、黑色纵纹及蠕虫状斑纹，虹膜黑褐色，嘴橙或青黄，基部角黄色，先端黑色，腿和趾黄绿色，爪黑色。

生活习性：栖息于林中的沼泽、湿洼地、稻田、红树林等地带，取食昆虫、甲壳类及软体动物等。

分布范围：旅鸟，在我市大部分地区均有记录，少见。

针尾沙锥 | 摄影 聂延秋

大沙锥
dà shā zhuī

| 英文名称：Swinhoe's Snipe | IUCN 红色名录等级：**LC** |
| 拉丁学名：*Gallinago megala* | 体长：29 厘米 |

形态特征：雌雄相似。虹膜暗褐色，嘴较长，褐色，基部或为灰绿色，尖端暗褐色，脚也较长，绿色或黄绿色，粗哑喘息的大叫声，似扇尾沙锥，但音较高而不清晰。

生活习性：大沙锥常单独、成对或成小群活动，活动主要在晚上、黎明和黄昏，主要以昆虫及其幼虫、环节动物、蚯蚓、甲壳类等小型无脊椎动物为食。

分布范围：旅鸟，夏候鸟，在我市乌审旗、达拉特旗均有记录，少见。

大沙锥 | 摄影 吴佳正

大沙锥 | 摄影 聂延秋

扇尾沙锥

shàn wěi shā zhuī

英文名称：Common Snipe
拉丁学名：Gallinago gallinago

IUCN 红色名录等级：**LC**
体长：27 厘米

扇尾沙锥 | 摄影 吴佳正

形态特征： 雌雄相似。夏羽头上部黑褐色，有棕色斑纹，头顶中央具黄白色纵纹，背部及肩羽褐色。虹膜黑褐，嘴黑色，嘴基黄褐，跗跖橄榄绿色，爪黑色。

生活习性： 栖息于河岸、湖泊边，沼泽及水田地带，以环节动物、昆虫、蜘蛛、软体动物和小鱼为食。

分布范围： 夏候鸟，旅鸟，在我市大部分地区均有记录，少见。

扇尾沙锥 | 摄影 耿斌

半蹼鹬 | 摄影 吴佳正

半蹼鹬
bàn pǔ yù

英文名称： Asian Dowitcher

拉丁学名： Limnodromus semipalmatus

IUCN 红色名录等级：NT

体长： 30 — 36 厘米

形态特征： 雌雄相似。夏羽头、颈棕红色，贯眼纹黑色，一直延伸到眼先，嘴尖膨大。

生活习性： 在泥滩和沙洲上结群，成密集队形飞行，降落后稍停片刻才散开觅食。

分布范围： 旅鸟，在我市大部分地区均有记录，少见。

半蹼鹬 | 摄影 聂延秋

黑尾塍鹬
hēi wěi chéng yù

英文名称：Black-tailed Godwit
拉丁学名：Limosa limosa

IUCN 红色名录等级：**NT**
体长：42 厘米

形态特征： 雌雄相似。似斑尾塍鹬，但体型较大，嘴不上翘，过眼线显著，上体杂斑少，尾前半部近黑，腰及尾基白色。

生活习性： 栖息于平原草地和森林平原地带的沼泽、湿地、湖边和附近的草地与低湿地上，主要以水生和陆生昆虫、甲壳类和软体动物为食。

分布范围： 旅鸟，在我市大部分地区均有记录，多见。

黑尾塍鹬 | 摄影 吴佳立

黑尾塍鹬 | 摄影 吴佳立

黑尾塍鹬 | 摄影 吴佳立

斑尾塍鹬 | 摄影 聂延秋

斑尾塍鹬
bān wěi chéng yù

英文名称：Bar-tailed Godwit

拉丁学名：Limosa lapponica

IUCN 红色名录等级：**NT**

体长：37 厘米

形态特征： 繁殖期羽多有棕栗色，嘴较尾长，直或略微向上翘，脚黑褐。

生活习性： 栖息在沼泽湿地及水域周围的湿草甸，主要以昆虫、软体动物为食。

分布范围： 旅鸟，在我市杭锦旗有记录，少见。

斑尾塍鹬 | 摄影 聂延秋

小杓鹬
xiǎo sháo yù

英文名称：Little Curlew
拉丁学名：Numenius minutus

IUCN 红色名录等级：LC
体长：30 厘米

形态特征： 雌雄相似。体型最小的杓鹬，喙较短，略下弯，头顶两道深褐色的侧冠纹眉纹浅色，上体黑褐色具浅色羽缘，脚蓝灰色。

生活习性： 栖息于沼泽、河谷，偏好次生植被，主要以昆虫为食。

分布范围： 旅鸟，在我市东胜区、鄂托克前旗有记录，少见。

小杓鹬 | 摄影 武建忠

小杓鹬 | 摄影 武建忠

中杓鹬
zhōng sháo yù

英文名称：Whimbrel
拉丁学名：Numenius phaeopus

IUCN 红色名录等级：LC
体长：43 厘米

形态特征： 雌雄相似。眉纹色浅，具黑色顶纹，基部淡褐色或肉色，嘴长而下弯曲。

生活习性： 栖息于沼泽、浅滩、湿草原等处，以环节动物、甲壳类、小鱼、昆虫等为食。

分布范围： 旅鸟，在我市大部分地区均有记录，少见。

中杓鹬 | 摄影 吴佳立

中杓鹬 | 摄影 吴佳立

中杓鹬 | 摄影 吴佳立

白腰杓鹬
bái yāo sháo yù

英文名称：Eurasian Curlew

拉丁学名：Numenius arquata

IUCN 红色名录等级：**NT**

体长：55 厘米

形态特征： 雌雄相似。腰、腹和尾部白色，尾端有黑色横斑，虹膜暗褐色，嘴暗绿或灰褐色，先端黑色，脚橄榄绿色，爪脚灰黑色。

生活习性： 常单独于河川、湖泊、水塘岸边和附近农田及沼泽地活动，喜欢不断地上下摆动尾部，以昆虫、蜘蛛软体动物等为食。

分布范围： 夏候鸟，旅鸟，在我市大部分地区均有记录，常见。

白腰杓鹬 ┃ 摄影 耿斌

白腰杓鹬 | 摄影 吴佳立

白腰杓鹬 | 摄影 耿斌

大杓鹬 ┃ 摄影 聂延秋

大杓鹬
dà sháo yù

英文名称：Eastern Curlew

拉丁学名：Numenius madagascariensis

IUCN 红色名录等级：**EN**

体长：63 厘米

形态特征： 雌雄相似。嘴长而下弯，比白腰杓鹬色深且褐色重，下背及尾褐色，下体皮黄。

生活习性： 同白腰杓鹬，性甚羞怯，个别个体有时与白腰杓鹬混群。

分布范围： 旅鸟，在我市多地都有记录，少见。

鹤鹬 | 摄影 吴佳正

鹤鹬
hè yù

英文名称：Spotted Redshank
拉丁学名：Tringa erythropus

IUCN 红色名录等级：LC
体长：30 厘米

形态特征： 雌雄体色稍不同，非繁殖羽头上部、后颈、上体灰褐色。繁殖羽通体黑色，雄鸟色更深。虹膜暗褐，嘴黑色，繁殖期腿趾红色，非繁殖期橙红色，爪黑色。

生活习性： 栖息于河湖岸边及附近的农田、沼泽、水塘，以甲壳类、软体动物、昆虫为食。

分布范围： 旅鸟，在我市大部分地区均有记录，常见。

鹤鹬 | 摄影 吴佳正

红脚鹬

hóng jiǎo yù

英文名称：Common Redshank

拉丁学名：Tringa totanus

IUCN 红色名录等级：LC

体长：27 厘米

形态特征： 雌雄相似。虹膜暗褐，嘴黑色，繁殖季节腿和趾橙红，非繁殖季节橙黄，爪黑色。

生活习性： 栖息于江河、泥滩、沼泽地，以软体动物、昆虫等为食。

分布范围： 夏候鸟，在我市大部分地区均有记录，数量多，常见。

红脚鹬 | 摄影 吴佳正

红脚鹬 | 摄影 何静波

形态特征：雌雄相似。上体灰褐色，头、颈部色淡，下背白色，尾羽具黑褐色横斑，虹膜暗褐，嘴细而尖，黑色，脚细长，繁殖季节腿、趾淡黄色，非繁殖季节橄榄绿色。

生活习性：栖息于河滩岸边、沼泽等地，取食小型脊椎动物。

分布范围：夏候鸟，旅鸟，在我市北部地区有记录，数量少，较常见。

泽鹬｜摄影 耿斌

泽鹬
zé yù

	英文名称：Marsh Sandpiper	IUCN 红色名录等级：LC
	拉丁学名：Tringa stagnatilis	体长：23 厘米

泽鹬｜摄影 耿斌

青脚鹬
qīng jiǎo yù

英文名称：Common Greenshank
拉丁学名：Tringa nebularia

IUCN 红色名录等级：**LC**
体长：32 厘米

青脚鹬 ┃ 摄影 吴佳正

形态特征：雌雄相似。繁殖羽头、后颈灰色，有黑色纵纹，前胸、胸侧白色，有褐色纵纹，背部灰褐色，有灰黑色轴斑和白色羽缘，嘴灰色上翘，腿脚黄绿色或青绿色，两趾间连蹼，胫部裸出。

生活习性：栖息于沼泽、湿地，喜小群活动，以软体动物和甲壳类为食，也食植物、草屑等。

分布范围：旅鸟，在我市大部分地区均有记录，常见。

青脚鹬 ┃ 摄影 耿斌

小青脚鹬

xiǎo qīng jiǎo yù

英文名称：Nordmann's Greenshank
拉丁学名：Tringa guttifer

IUCN 红色名录等级：**EN**
体长：30 厘米

形态特征：雌雄相似。上体黑褐色，羽缘灰色，次级飞羽灰，下背和尾上覆羽白，后者具少许窄的黑色横斑。

生活习性：主要栖息于沼泽、水塘和湿地上，主要以水生小型无脊椎动物和小型鱼类为食。

分布范围：旅鸟，在我市达拉特旗有记录，少见。

小青脚鹬 | 摄影 聂延秋

白腰草鹬
bái yāo cǎo yù

英文名称：Green Sandpiper
拉丁学名：Tringa ochropus

IUCN 红色名录等级：**LC**
体长：20—24 厘米

白腰草鹬 | 摄影 吴佳正

形态特征： 雌雄相似。腰和尾白色，尾具黑色横斑，下体白色，胸具黑褐色纵纹。

生活习性： 主要栖息于山地、平原、森林中的湖泊、河流、沼泽和水塘附近，主要以田螺、昆虫等小型无脊椎动物为食。

分布范围： 旅鸟，夏候鸟，在我市大部分地区均有记录，常见。

白腰草鹬 | 摄影 吴佳正

林鹬 | 摄影 吴佳正

林鹬
lín yù

英文名称：Wood Sandpiper
拉丁学名：Tringa glareola

IUCN 红色名录等级：**LC**
体长：21 厘米

林鹬 | 摄影 吴佳正

形态特征：雌雄相似。夏羽额、头顶、枕、后颈黑褐色，有白色眉纹，虹膜暗褐，嘴黑色，基部橄榄色，脚黄色，尖端黑色，脚趾淡黄，非繁殖期橄榄绿色。

生活习性：栖息于较宽阔水域附近的沼泽、河滩、稻田中，以水生昆虫、蜘蛛、软体动物、甲壳类为食。

分布范围：夏候鸟，旅鸟，在我市大部分地区均有记录，常见。

灰尾漂鹬
huī wěi piāo yù

英文名称：Grey-tailed Tattler
拉丁学名：Tringa brevipes

IUCN 红色名录等级：**NT**
体长：25厘米

灰尾漂鹬 ┃ 摄影 吴佳立

形态特征： 雌雄相似。夏季头顶、后颈、翅和尾等整个上体淡石板灰色，微缀褐色。

生活习性： 常单独或成松散的小群活动于水边浅水处，主要以水生昆虫、甲壳类和软体动物为食。

分布范围： 旅鸟，在我市伊金霍洛旗有记录，少见。

灰尾漂鹬 ┃ 摄影 耿斌

翘嘴鹬

qiào zuǐ yù

英文名称： Terek Sandpiper

拉丁学名： Xenus cinereus

IUCN 红色名录等级： LC

体长： 23 厘米

形态特征： 雌雄相似。夏羽上体灰色，肩部及覆羽具明显的黑色羽干纹。虹膜褐色，嘴长并上翘，基部黄褐色，尖端黑色，脚橙黄色。

生活习性： 栖息于沼泽、湖泊、泥滩等地，行走迅速，以甲壳类、软体动物、昆虫为食。

分布范围： 旅鸟，在我市鄂托克前旗、乌审旗有记录，数量少，少见。

翘嘴鹬 | 摄影 吴佳正

矶鹬
jī yù

英文名称：Common Sandpiper

拉丁学名：Actitis hypoleucos

IUCN 红色名录等级：**LC**

体长：20 厘米

矶鹬｜摄影 吴佳正

形态特征： 雌雄相似。夏羽上体背侧褐绿色，有黑褐色羽干纹及波状羽端狭横斑，虹膜褐色，嘴铅灰褐色，下嘴基部淡紫黄色，跗跖和趾灰绿色，爪黑色。

生活习性： 栖息于河流、湖泊、水塘岸边，喜在水边跑跑停停，停息时尾羽不停地上下摆动，喜食昆虫、螺类、蠕虫。

分布范围： 夏候鸟，在我市大部分地区均有记录，常见。

矶鹬｜摄影 吴佳正

翻石鹬
fān shí yù

英文名称：Ruddy Turnstone	IUCN 红色名录等级：**LC**
拉丁学名：Arenaria interpres	体长：22 厘米

形态特征： 雄鸟胸具黑色、白色及一个"W"花斑，是其最突出特征。虹膜暗褐色，嘴短，黑色，微上翘，嘴基部较淡，腿短，橙红色。

生活习性： 栖息于沼泽地带，常翻动地面小石子及其他物体寻觅食物，以甲壳类、软体动物、蜘蛛、蚯蚓和昆虫为食。

分布范围： 旅鸟，在我市多地均有记录，数量少，少见。

翻石鹬 | 摄影 吴佳正

翻石鹬 | 摄影 吴佳正

三趾滨鹬 | 摄影 武建忠

三趾滨鹬

sān zhǐ bīn yù

| 英文名称：Sanderling | IUCN 红色名录等级：**LC** |
| 拉丁学名：Calidris alba | 体长：20 厘米 |

形态特征：雌雄相似。夏羽额基、颏和喉白色，头的余部、颈和上胸深栗红色，具黑褐色纵纹。虹膜暗褐色，嘴黑色，尖端微向下弯曲，脚黑色，无后趾。

生活习性：常见于沙滩、水岸，喜欢快速奔跑，以甲壳类及软体动物为食。

分布范围：旅鸟，在我市东胜区有记录，数量少，少见。

三趾滨鹬 | 摄影 武建忠

红颈滨鹬

hóng jǐng bīn yù

英文名称：Red-necked Stint

拉丁学名：*Calidris ruficollis*

IUCN 红色名录等级：NT

体长：15 厘米

红颈滨鹬 | 摄影 聂延秋

形态特征：雌雄相似。与长趾滨鹬区别在于灰色较深，而羽色单调，腿黑色。春夏季头顶、颈的体羽及翅上覆羽棕色。与小滨鹬区别在于嘴较粗厚，腿较短而两翼较长。

生活习性：主要栖息于冻原地带的芦苇沼泽、海岸、湖滨和苔原地带，以昆虫、蠕虫、甲壳类和软体动物为食。

分布范围：旅鸟，在我市乌审旗、达拉特旗均有记录，少见。

红颈滨鹬 | 摄影 吴佳正

小滨鹬
xiǎo bīn yù

英文名称：Little Stint
拉丁学名：Calidris minuta

IUCN 红色名录等级：LC
体长：14 厘米

形态特征：雌雄相似。嘴短而粗，腿深灰，下体白色，上胸侧沾灰，暗色过眼纹模糊，眉纹白，上背具乳白色 "V" 字形带斑。

生活习性：栖息于河流、水塘、沼泽等水边，主要啄食水生昆虫、昆虫幼虫、小型软体动物和甲壳动物。

分布范围：旅鸟，在我市达拉特旗、伊金霍洛旗、鄂托克旗、鄂托克前旗均有记录，少见。

小滨鹬 | 摄影 吴佳正

小滨鹬 | 摄影 吴佳正

青脚滨鹬 | 摄影 吴佳正

青脚滨鹬
qīng jiǎo bīn yù

英文名称：Temminck's Stint
拉丁学名：*Calidris temminckii*

IUCN 红色名录等级：LC
体长：14 厘米

青脚滨鹬 | 摄影 吴佳正

形态特征：雌雄羽色相似。上体羽灰色，下体羽白色，头顶、枕部、后颈、上背及两肩灰褐色，具黑褐色纵纹，虹膜暗褐，嘴黑色，趾、爪铅灰色。

生活习性：栖息于河、沼泽，喜成群活动，飞行快速，常集群盘旋飞行。

分布范围：旅鸟，在我市大部分地区均有记录，较常见。

长趾滨鹬
zhǎng zhǐ bīn yù

英文名称：Long-toed Stint
拉丁学名：Calidris subminuta

IUCN 红色名录等级：**LC**
体长：15 厘米

长趾滨鹬｜摄影 吴佳正

长趾滨鹬｜摄影 吴佳正

形态特征：雌雄相似。嘴较细短、黑色，脚黄绿色，趾较长。

生活习性：在浅水处活动和觅食，主要以昆虫、软体动物等小型无脊椎动物为食。

分布范围：旅鸟，在我市伊金霍洛旗有记录，少见。

尖尾滨鹬 | 摄影 李俊海

尖尾滨鹬

jiān wěi bīn yù

英文名称： Sharp-tailed Sandpiper
拉丁学名： Calidris acuminata

IUCN 红色名录等级： LC
体长： 19 厘米

尖尾滨鹬 | 摄影 耿斌

形态特征： 雌雄相似。繁殖期头顶泛栗色，上体黑褐色，各羽缘染栗色、黄褐色或浅棕白色。腹白色，楔尾，腿灰绿色。

生活习性： 栖息于水塘、溪流岸边和附近的沼泽地带，以蚊和其他昆虫幼虫为食。

分布范围： 旅鸟，在我市中部区有记录，少见。

流苏鹬
liú sū yù

| 英文名称：Ruff | IUCN 红色名录等级：**LC** |
| 拉丁学名：Calidris pugnax | 体长：30 厘米 |

流苏鹬 | 摄影 耿斌

形态特征：夏羽雄鸟头后至耳羽具簇状饰羽，羽色变异大，有白、乳黄、红褐、灰褐及暗紫褐色，背部也有不同颜色的变化，胸以下白色，胸侧有黑褐色粗斑纹。雌鸟似雄鸟冬羽。冬羽雌雄同色，头颈无饰羽。

流苏鹬 | 摄影 耿斌

流苏鹬 | 摄影 吴佳正

生活习性：栖息于河、岸边、沼泽，以昆虫为主食。

分布范围：旅鸟，在我市达拉特旗、乌审旗、鄂托克前旗有记录，极少见。

流苏鹬 | 摄影 耿斌

流苏鹬 | 摄影 耿斌

弯嘴滨鹬 │ 摄影 耿斌

弯嘴滨鹬

wān zuǐ bīn yù

英文名称： Curlew Sandpiper

拉丁学名： Calidris ferruginea

IUCN 红色名录等级： NT

体长： 21 厘米

弯嘴滨鹬 │ 摄影 耿斌

形态特征： 雌雄相似。嘴略下弯，嘴基羽毛或有白色，下体深栗红色，包括头、颈、胸、腹部，在下腹和胁有白色斑纹，至尾下转为白色。

生活习性： 迁徙时见于河口、水田、沼泽等，采食昆虫、甲壳类和软体动物。

分布范围： 旅鸟，在我市大部分地区均有记录，较常见。

黑腹滨鹬

hēi fù bīn yù

| 英文名称：Dunlin | IUCN 红色名录等级：LC |
| 拉丁学名：Calidris alpina | 体长：20 厘米 |

形态特征： 雌雄相似。夏季上体棕色，下体白色，颈与胸具黑褐色纵纹，腹部有大型黑斑，虹膜暗褐色，嘴黑色，较长而微向下弯， 脚绿灰色。

生活习性： 主要在水边草地、泥地、浅水处和沙滩边走边觅食，以甲壳类、软体动物、蠕虫、昆虫等为食。

分布范围： 旅鸟，在我市伊金霍洛旗有记录，少见。

黑腹滨鹬 | 摄影 李俊海

黑腹滨鹬 | 摄影 李俊海

红颈瓣蹼鹬

hóng jǐng bàn pǔ yù

英文名称： Red-necked Phalarope
拉丁学名： Phalaropus lobatus
IUCN 红色名录等级： LC
体长： 20 厘米

形态特征： 雌雄相似。嘴细而尖，黑色，脚亦为黑色，趾具瓣蹼，背、肩部有 4 条橙黄色纵带，前颈栗红色，并向两侧往上延伸到眼后，形成一栗红色环带。

生活习性： 喜成群，常在浅水处水面不断地旋转打圈，捕食被激起的浮游生物和昆虫。

分布范围： 旅鸟，在我市伊金霍洛旗有记录，少见。

红颈瓣蹼鹬 | 摄影 聂延秋

普通燕鸻｜摄影 吴佳正

普通燕行鸟
pǔ tōng yàn héng

英文名称： Oriental Pratincole
拉丁学名： Glareola maldivarum

IUCN 红色名录等级： LC
体长： 27 厘米

形态特征： 雌雄相似。嘴短，基部较宽，尖端较窄而向下曲，喉乳黄色，外缘黑色，颊、颈、胸黄褐色，腹白色。

生活习性： 栖于开阔地、沼泽地及稻田，于空中捕捉昆虫。

分布范围： 夏候鸟，旅鸟，在我市中部区均有记录，常见。

普通燕鸻｜摄影 吴佳正

三趾鸥

sān zhǐ ōu

英文名称： Black-legged Kittiwake

拉丁学名： Rissa tridactyla

IUCN 红色名录等级： LC

体长： 46 厘米

形态特征： 雌雄相似。肩灰色，羽缘和尖端白色。尾上覆羽和尾白色。夏羽头、颈和翕前部白色，背、翅上覆羽和腰灰色。

生活习性： 常成群活动，主要以小鱼为食，营巢于海岸和海岛上。

分布范围： 旅鸟，在我市东胜区有记录，少见。

三趾鸥｜摄影 聂延秋

棕头鸥 | 摄影 吴佳立

棕头鸥
zōng tóu ōu

英文名称： Brown-headed Gull	**IUCN 红色名录等级：** LC
拉丁学名： Chroicocephalus brunnicephalus	**体长：** 46 厘米

形态特征： 夏羽似红嘴鸥，但体形大，嘴较粗，头部棕褐色，翼尖黑色，初级飞羽基部具大块白斑。冬羽白色，耳孔周及枕部具灰色斑块，虹膜暗褐色，嘴、跗跖和趾均为暗红棕色，爪黑褐色。

生活习性： 栖息于高原湖泊、河流、沼泽，主要以鱼类为食。

分布范围： 夏候鸟，旅鸟，在我市大部分地区均有繁殖记录，常见。

棕头鸥 | 摄影 吴佳立

红嘴鸥 | 摄影 吴佳立

红嘴鸥

hóng zuǐ ōu

英文名称： Black-headed Gull

拉丁学名： Chroicocephalus ridibundus

IUCN 红色名录等级： LC

体长： 40 厘米

红嘴鸥 | 摄影 吴佳立

形态特征： 雌雄相似。夏羽头部顶之前至颊部黑褐色，后颈、上背、下体、尾羽及初级覆羽白色。繁殖羽头部变为棕褐色。虹膜暗褐色，嘴暗红色，脚暗红，爪黑色。

生活习性： 栖息于较大水面附近，以鱼、虾、昆虫等为食。

分布范围： 夏候鸟，旅鸟，在我市大部分地区均有繁殖记录，常见。

遗鸥
yí ōu

英文名称：Relict Gull
拉丁学名：Ichthyaetus relictus

IUCN 红色名录等级：**VU**
体长：46 厘米

形态特征：雌雄相似。夏羽上体灰色，头近深褐色，上下眼睑白色，独特醒目，颈、胸、腰白色，两翼灰色，虹膜褐色，嘴、脚暗红色，爪黑色。

生活习性：栖息于草原和沙漠中的湖泊、沼泽，易接近，以水生无脊椎动物、小鱼和水草为食。

分布范围：夏候鸟，在我市东胜区、伊金霍洛旗、乌审旗均有繁殖记录，常见。

遗鸥 | 摄影 吴佳正

遗鸥 | 摄影 吴翠芬

渔鸥
yú ōu

英文名称：Pallas's Gull
拉丁学名：Ichthyaetus ichthyaetus

IUCN 红色名录等级：LC
体长：68 厘米

形态特征：雌雄相似。头黑而嘴近黄，上下眼睑白色，嘴黄而端黑，尾端黑色。冬羽头白，眼周具暗斑，头顶有深色纵纹，嘴上红色大部分消失。

生活习性：栖于内地海域及干旱平原湖泊，繁殖期也捕食雏鸟。

分布范围：旅鸟，在我市黄河沿岸均有记录，少见。

渔鸥 | 摄影 聂延秋

普通海鸥 | 摄影 聂延秋

普通海鸥
pǔ tōng hǎi ōu

英文名称：Mew Gull	**IUCN 红色名录等级**：**LC**
拉丁学名：Larus canus	**体长**：43 厘米

形态特征：雌雄相似。腿及无斑环的细嘴绿黄色，白尾。冬季头及颈散见褐色细纹，有时嘴尖有黑色。

生活习性：栖于内地海域及干旱平原湖泊，以水生无脊椎动物、小鱼小虾为食。

分布范围：冬候鸟，旅鸟，在我市达拉特旗有记录，少见。

西伯利亚银鸥 | 摄影 吴佳正

西伯利亚银鸥

xī bó lì yà yín ōu

英文名称： Siberian Gull

拉丁学名： Larus smithsonianus

IUCN 红色名录等级： **NR**

体长： 62 厘米

西伯利亚银鸥 | 摄影 吴佳正

形态特征： 雌雄相似。虹膜浅黄色至偏褐色，喙黄色，具有红点，脚粉红色。

生活习性： 同黄腿银鸥。

分布范围： 旅鸟，在我市黄河沿岸均有记录，少见。

黄腿银鸥

huáng tuǐ yín ōu

| 英文名称：Caspian Gull | IUCN 红色名录等级：**LC** |
| 拉丁学名：Larus cachinnans | 体长：60 厘米 |

形态特征： 雌雄相似。夏羽头、颈和下体纯白色，背与翼上银灰色，腰、尾上覆羽纯白色，初级飞羽末端黑褐色，有白色斑点，嘴黄色，下嘴尖端有红色斑点。冬羽头和颈具褐色细纵纹。

生活习性： 夏季栖息于苔原、荒漠和草地上的河流、湖泊、沼泽地，冬季主要栖息于海岸及河口。

分布范围： 候鸟，旅鸟，在我市达拉特旗、伊金霍洛旗、鄂托克前旗等地有记录，少见。

黄腿银鸥 | 摄影 吴佳正

黄腿银鸥 | 摄影 吴佳正

灰背鸥

huī bèi ōu

英文名称：Slaty-backed Gull
拉丁学名：*Larus schistisagus*

IUCN 红色名录等级：**LC**
体长：61 厘米

形态特征： 雌雄相似。嘴直，黄色，下嘴先端有红色斑，脚深粉色，背部深灰色。

生活习性： 海湾、港口和渔场，以小鱼、虾、螺、蛤类为食。

分布范围： 迷鸟，在我市北部黄河沿岸有记录，少见。

灰背鸥 | 摄影 聂延秋

鸥嘴噪鸥 | 摄影 耿斌

鸥嘴噪鸥

ōu zuǐ zào ōu

英文名称： Gull-billed Tern

拉丁学名： Gelochelidon nilotica

IUCN 红色名录等级： LC

体长： 39 厘米

形态特征： 雌雄相似。夏羽额、头顶、枕和头的两侧从眼和耳羽以上黑色，背、肩、腰和翅上覆羽珠灰色。

生活习性： 常出没于河口、湖边、沙滩、草原和泥地，捕食鱼虾及蜥蜴等。

分布范围： 夏候鸟，旅鸟，在我市大部分地区均有繁殖记录，常见。

鸥嘴噪鸥 | 摄影 吴佳正

红嘴巨燕鸥

hóng zuǐ jù yàn ōu

英文名称： Caspian Tern
拉丁学名： Hydroprogne caspia

IUCN 红色名录等级： LC
体长： 49 厘米

形态特征： 雌雄相似。喙红色，粗大，尖端黑色，两翼具褐色杂点，有着典型的燕尾，虹膜褐色，脚黑色。

生活习性： 喜吃昆虫，主要靠从空中潜入水中捕食小型鱼类和甲壳动物。

分布范围： 旅鸟，在我市大部分地区均有记录，少见。

红嘴巨燕鸥 | 摄影 耿斌

白额燕鸥 | 摄影 任飞

白额燕鸥
bái é yàn ōu

英文名称： Little Tern	**IUCN 红色名录等级：** LC
拉丁学名： Sternula albifrons	**体长：** 26 厘米

形态特征： 雌雄相似。繁殖羽头上半部至枕部、颈后为黑色，额部为白色。虹膜暗褐色，嘴橙黄色，先端黑色，爪黑色，脚橙红色，非繁殖期脚暗褐红色。

生活习性： 栖息于较大水域附近，捕食鱼虾、水生无脊椎动物。

分布范围： 夏候鸟，旅鸟，在我市达拉特旗、杭锦旗有繁殖记录，常见。

白额燕鸥 | 摄影 吴佳正

普通燕鸥

pǔ tōng yàn ōu

英文名称： Common Tern
拉丁学名： Sterna hirundo

IUCN 红色名录等级： LC
体长： 35 厘米

形态特征： 雌雄相似。夏羽头、后颈黑色，背和翅暗灰色，翅外缘有一窄黑边，下体颈前到胸腹部近白色。虹膜暗褐色，嘴红色，嘴峰、嘴先端黑色，跗跖红色，爪黑色。

生活习性： 栖息于淡水水域的沼泽、水塘、河滩上，觅食时冲入水中取食，以鱼、虾和水生昆虫等为食。

分布范围： 夏候鸟，旅鸟，在我市大部分地区均有繁殖记录，常见。

普通燕鸥 | 摄影　吴佳正

普通燕鸥 | 摄影　吴佳正

灰翅浮鸥

huī chì fú ōu

英文名称：Whiskered Tern
拉丁学名：Chlidonias hybrida

IUCN 红色名录等级：**LC**
体长：25 厘米

灰翅浮鸥 | 摄影 吴佳正

形态特征：雌雄相似。夏羽额、头顶、枕部和后上颈为绿黑色，头部其余部分白色，上体灰色，翅尖长，尾较短，叉状。虹膜猩红，嘴肉红色，嘴端栗色，脚红色，爪黑色。

生活习性：栖息于较大水域附近，捕食鱼、虾、昆虫等。

分布范围：夏候鸟，旅鸟，在我市大部分地区均有繁殖记录，常见。

灰翅浮鸥 | 摄影 吴佳正

白翅浮鸥 | 摄影 任飞

白翅浮鸥
bái chì fú ōu

英文名称: White-winged Tern	**IUCN 红色名录等级:** LC
拉丁学名: Chlidonias leucopterus	**体长:** 24 厘米

形态特征: 雌雄相似。头顶、胸至腹黑色，上体暗石板灰色，翼淡灰色，虹膜暗褐，爪黑色。繁殖期嘴红色，脚红色，非繁殖期脚暗紫红色。

生活习性: 栖息于河、湖、水塘、沼泽，飞行中掠水面取食，以小鱼、虾、昆虫为食。

分布范围: 夏候鸟，旅鸟，在我市大部分地区均有繁殖记录，常见。

白翅浮鸥 | 摄影 吴佳正

黑鹳

hēi guàn

英文名称：Black Stork

拉丁学名：Ciconia nigra

IUCN 红色名录等级：LC

体长：105 厘米

形态特征： 夏羽雌雄相似。嘴长且粗壮，头、颈、翅、背和尾黑色，有紫绿色光泽，下胸浓褐色，后胸、腹、两胁白色，虹膜暗褐，嘴、脚、趾红色。

生活习性： 栖息于河流、水塘、湖泊等水域岸边和附近沼泽湿地，以鱼、蛙和甲壳类动物为食。

分布范围： 在我市鄂托克旗有繁殖记录，在我市大部分地区均有记录，数量少，较常见。

黑鹳 | 摄影 吴佳正

黑鹳 | 摄影 吴佳正

普通鸬鹚
pǔ tōng lú cí

| 英文名称：Great Cormorant | IUCN 红色名录等级：**LC** |
| 拉丁学名：Phalacrocorax carbo | 体长：90 厘米 |

别名 | 鱼鹰 |

形态特征： 雌雄相似。夏羽头、颈和羽冠黑色，具紫绿色金属光泽，并杂有白色丝状细羽，上体黑色，两肩、背和翅覆羽铜褐色并具金属光泽。

生活习性： 栖息于河流、湖泊、池塘、水库、河口地带，主要通过潜水捕食各种鱼类。

分布范围： 夏候鸟，在我市大部分地区均有繁殖记录，数量多，常见。

普通鸬鹚 | 摄影 吴佳正

普通鸬鹚 | 摄影 赵云

彩鹮

cǎi　huán

| 英文名称：Glossy Ibis | IUCN 红色名录等级：**LC** |
| 拉丁学名：Plegadis falcinellus | 体长：60 厘米 |

形态特征： 雌雄相似。上体具绿色及紫色光泽，虹膜褐色，嘴近黑色，脚绿褐色。

生活习性： 主要栖息在温暖的河湖及沼泽附近，主要以水生昆虫、昆虫幼虫、虾、甲壳类动物为食。

分布范围： 迷鸟，在我市伊金霍洛旗红海子湿地公园首次被记录到，极少见。

彩鹮｜摄影 李俊海

彩鹮｜摄影 李俊海

白琵鹭 | 摄影 吴佳正

白琵鹭
bái pí lù

英文名称：Eurasian Spoonbill

拉丁学名：Platalea leucorodia

IUCN 红色名录等级：LC

体长：86 厘米

形态特征：雌雄相似。夏羽全身羽毛白色，头部枕冠黄色，前颈基部具宽阔橙黄色横带，颊、喉部黄色，向后移行为红色，虹膜暗黄色，脚、趾、爪黑色。

生活习性：栖息于沼泽地、河滩、苇塘等湿地，喜群居，以小型动物、水生植物为食。

分布范围：夏候鸟，在我市大部分地区均有记录，常见。

白琵鹭 | 摄影 吴佳立

大麻鳽
dà má jiān

| 英文名称：Eurasian Bittern | IUCN 红色名录等级：LC |
| 拉丁学名：Botaurus stellaris | 体长：70 厘米 |

形态特征： 雌雄相似。体羽棕黄色，额、头顶和枕部黑色，眉短淡黄白色，具黑褐色粗著纵纹，眼极小，虹膜黄色，嘴黄褐色，跗跖和趾黄绿色，爪黄褐色。

生活习性： 栖息于山地丘陵和山脚平原地带的河、湖、池塘苇丛及蒲草丛中，以鱼、虾、蛙、昆虫等为食。

分布范围： 夏候鸟，在我市大部分地区均有繁殖记录，常见。

大麻鳽 | 摄影 吴佳正

大麻鳽 | 摄影 吴佳正

大麻鳽 | 摄影 吴佳正

黄斑苇鳽

huáng bān wěi jiān

英文名称： Yellow Bittern
拉丁学名： Ixobrychus sinensis

IUCN 红色名录等级： LC
体长： 35 厘米

形态特征： 雄鸟头顶和枕部冠羽黑色，头侧淡棕沾紫色，颏喉部白色。雌鸟头顶栗褐色，背部栗红色，颈及胸部有明显深棕色纵斑。虹膜黄色，嘴淡黄色，趾黄绿色，爪黄色。

生活习性： 栖息于沼泽、池塘、湖泊周边的草丛中，常单独活动，取食水生动物和昆虫。

分布范围： 夏候鸟，在我市大部分地区均有繁殖记录，较少见。

黄斑苇鳽 | 摄影 吴佳正

黄斑苇鳽 | 摄影 吴佳正

紫背苇鳽 | 摄影 吴佳正

紫背苇鳽
zǐ bèi wěi jiān

英文名称：Von Schrenck's Bittern	**IUCN 红色名录等级**：LC
拉丁学名：Ixobrychus eurhythmus	**体长**：39 厘米

形态特征：雄鸟头顶黑色，上体栗色，下体棕白色具皮黄色纵纹，翼上覆羽棕黄色。雌鸟头顶黑色，体羽褐色较重，上体具黑、白及褐色杂斑。虹膜黄色，上嘴黑色，下嘴乳白色，跗跖橄榄色。

生活习性：栖息于湖塘岸边的草丛、滩涂、沼泽湿地，以鱼虾和水生昆虫为食。

分布范围：夏候鸟，在我市康巴什区有繁殖记录，少见。

紫背苇鳽 | 摄影 耿斌

夜鹭 | 摄影 吴佳正

夜鹭
yè lù

英文名称：Black-crowned Night Heron
拉丁学名：Nycticorax nycticorax

IUCN 红色名录等级：**LC**
体长：55 厘米

形态特征：头顶至背黑绿色并有金属光泽，颊、颈侧、胸和两胁淡灰色，其余下体白色，枕后有 2 — 3 枚白色长饰羽，下垂至背上。雌鸟枕部无带状饰羽。虹膜血红色，眼先黄绿色，嘴黑色，脚黄绿色，爪黑色。

生活习性：栖息于平原和丘陵地区的河、湖、沼泽、水塘，以鱼、虾、蛙、昆虫等为食。

分布范围：夏候鸟，在我市大部分地区均有繁殖记录，常见。

夜鹭 | 摄影 吴佳正

英文名称： Chinese Pond Heron

拉丁学名： Ardeola bacchus

IUCN 红色名录等级： LC

体长： 45 厘米

chí　lù

形态特征： 雌雄相似。夏羽头、头顶及延伸到背部的冠羽、后颈、颈侧和胸均栗红色，肩背部有伸至尾羽末端的蓝黑色长形蓑羽。冬羽头颈淡黄色，具黑色纵斑，背部棕褐色，上胸具栗色斑纹。虹膜黄色，嘴尖黑色，中部黄色，基部蓝色。

生活习性： 栖息于湖、塘、沼泽、稻田附近，取食鱼、蛙、小型爬行动物、昆虫等。

分布范围： 夏候鸟，在我市大部分地区均有繁殖记录，数量多，常见。

池鹭 | 摄影 何静波

池鹭 | 摄影 吴佳正

牛背鹭

niú bèi lù

| 英文名称：Cattle Egret | IUCN 红色名录等级：**NR** |
| 拉丁学名：Bubulcus ibis | 体长：51 厘米 |

形态特征： 雌雄相似。嘴、头颈、上胸、背上饰羽橙黄色，其他体羽白色，脚黑色，虹膜黄色。冬羽全身洁白，无蓑羽。

牛背鹭 | 摄影 吴佳正

牛背鹭 | 摄影 吴佳正

生活习性： 栖息于稻田、牧场、湖泊，取食鱼、虾、蛙、昆虫等，常停留于牛背或其他家畜背上，啄食寄生虫。

分布范围： 夏候鸟，在我市大部分地区均有繁殖记录，常见。

牛背鹭 | 摄影 吴佳正

苍鹭 | 摄影 吴佳正

苍鹭
cāng lù

英文名称：Grey Heron
拉丁学名：Ardea cinerea

IUCN 红色名录等级：LC
体长：100 厘米

别名 | 青桩 老等

形态特征： 雌雄相似。夏羽头颈白色，头顶两侧及枕部黑色，上体灰色，下体白色。雄鸟头顶有两条黑色长形辫状冠羽，繁殖期后，羽冠脱落，体色变深。虹膜黄色，眼圈黄色，嘴、脚黄绿色，爪黑色。

生活习性： 栖息于江河、湖边，以鱼、虾、昆虫等为食。

分布范围： 夏候鸟，偶见少数留鸟，在鄂尔多斯市大部分地区均有繁殖记录，数量多，常见。

苍鹭 | 摄影 吴佳正

草鹭 | 摄影 何静波

草鹭
cǎo lù

英文名称：Purple Heron	IUCN 红色名录等级：LC
拉丁学名：Ardea purpurea	体长：95 厘米

别名 | 紫鹭

形态特征： 雌雄相似。头顶蓝黑色，枕具两条黑色长形辫状冠羽，上体栗褐色，胸、腹中央铅灰色，两侧暗栗色，虹膜黄色，嘴暗黄，嘴峰褐色，趾栗褐色，爪黑褐色。

生活习性： 栖息于平原和丘陵湿地的河、湖水边，行动迟缓，食性似苍鹭。

分布范围： 夏候鸟，在我市大部分地区均有繁殖记录，数量多，常见。

草鹭 | 摄影 吴佳正

大白鹭

dà bái lù

英文名称： Great Egret

拉丁学名： Ardea alba

IUCN 红色名录等级：LC

体长： 95 厘米

形态特征： 雌雄相似。全身白色，繁殖期颈下和背部有长形蓑羽，非繁殖羽无蓑羽。嘴、颈和脚特别长，虹膜淡黄，眼先和嘴黑绿色，小腿沾粉红色，趾、爪黑色。

生活习性： 栖息于河、湖、水塘、湿地，喜小群在浅水处和岸边取食鱼、虾、昆虫等。

分布范围： 夏候鸟，在我市大部分地区均有记录，数量多，常见。

大白鹭 ┃ 摄影 何静波

大白鹭 ┃ 摄影 吴佳正

白鹭
bái lù

英文名称：Little Egret

拉丁学名：Egretta garzetta

IUCN 红色名录等级：**LC**

体长：60 厘米

形态特征： 雌雄相似。体羽白色，枕后长有两根细长的饰羽，颈前和背具有蓑羽，脸部裸露皮肤黄绿色，虹膜黄色，繁殖期脚、嘴黑色，趾黄绿色，爪黑色。

生活习性： 栖息于河、湖、水库、鱼塘、沼泽地，喜小群活动于浅水处，以鱼、虾、昆虫、蛙等为食。

分布范围： 夏候鸟、旅鸟，在我市伊金霍洛旗、乌审旗、达拉特旗有记录，少见。

白鹭 ┃ 摄影 耿斌

白鹭 ┃ 摄影 吴佳正

卷羽鹈鹕 | 摄影 吴佳立

卷羽鹈鹕
juàn yǔ tí hú

英文名称： Dalmatian Pelican
拉丁学名： Pelecanus crispus

IUCN 红色名录等级：VU
体长： 175 厘米

形态特征： 雌雄相似。嘴铅灰色，长而粗，上下嘴缘的后半段均为黄色，前端有一个黄色爪状弯钩，头上的冠羽呈卷曲状，枕部羽毛延长卷曲，下颌上有一个橘黄色或淡黄色与嘴等长且能伸缩的大型皮囊，脚为蓝灰色，四趾之间均有蹼。

生活习性： 喜群居和游泳，也善于在陆地上行走，以鱼类、甲壳类、软体动物、两栖动物等为食。

分布范围： 旅鸟，在我市鄂托克旗、达拉特旗有记录，少见。

卷羽鹈鹕 | 摄影 聂延秋

鹗 | 摄影 王伟

鹗
è

英文名称: Ospey	**IUCN 红色名录等级**: **LC**
拉丁学名: Pandion haliaetus	**体长**: 55 厘米

形态特征: 雌雄相似。头及下体白色，特征为具黑色贯眼纹，虹膜黄色，嘴黑色，脚灰色。

生活习性: 栖息于水域附近，从水上悬枝深扎入水捕食猎物，以鱼类、蛙类、蜥蜴等为食。

分布范围: 夏候鸟、旅鸟，在我市大部分地区均有记录，较常见。

鹗 | 摄影 耿斌

胡兀鹫
hú wū jiù

英文名称：Bearded Vulture
拉丁学名：Gypaetus barbatus

IUCN 红色名录等级：**NT**
体长：110 厘米

形态特征：雌雄羽色相似。全身羽色大致为黑褐色，名字因吊在嘴下的黑色胡须而得，体型一般是雌鸟比雄鸟稍大。

生活习性：喜栖息于开阔地区，如草原、冻原、高地和石楠荒地等处，食腐，取食腐尸上其他食腐动物不能消化的部分，会把骨头从高空抛向岩石打碎。

分布范围：旅鸟，在我市西部区有记录，少见。

胡兀鹫 | 摄影 吴佳正

胡兀鹫 | 摄影 魏永生

凤头蜂鹰

fèng tóu fēng yīng

| 英文名称：Oriental Honey Buzzard | IUCN 红色名录等级：LC |
| 拉丁学名：Pernis ptilorhynchus | 体长：58 厘米 |

形态特征： 雌雄羽色相似。多色型，头后及枕部羽毛狭长，形成短羽冠，常明显露出，跗跖部大多相对较长，约等于胫部长度，雌鸟显著大于雄鸟。

生活习性： 尤喜食蜂类，主要以黄蜂、胡蜂、蜜蜂和其他蜂类为食，也吃其他昆虫。

分布范围： 旅鸟，夏候鸟，在我市多地有记录，少见。

凤头蜂鹰 | 摄影 吴佳立

凤头蜂鹰 | 摄影 何静波

凤头蜂鹰 | 摄影 崔过斌

秃鹫 | 摄影 吴佳正

秃鹫 tū jiù	英文名称：Cinereous Vulture 拉丁学名：Aegypius monachus	IUCN 红色名录等级：**NT** 体长：100 厘米

别名丨座山雕丨

形态特征：雌雄羽色相似。深褐色，头及上颈裸露，头被以黑褐色绒羽，虹膜暗褐色，嘴黑褐色，基部灰色，蜡膜浅蓝色，脚趾灰黄，爪黑色。

生活习性：栖息于山区、丘陵、草原，常单独活动，能在空中长时间翱翔，多以动物尸体为食，也捕食活猎物。

分布范围：留鸟，在我市大部分地区都有记录，较常见。

秃鹫 | 摄影 吴佳正

短趾雕 | 摄影 吴佳正

短趾雕

duǎn zhǐ diāo

英文名称：Short-toed Snake Eagle

拉丁学名：Circaetus gallicus

IUCN 红色名录等级：LC

体长：65 厘米

形态特征：雌雄羽色相似。上体灰褐，下体白而具深色纵纹，喉及胸单一褐色，腹部具不明显的横斑，尾具不明显的宽阔横斑，虹膜黄色，嘴黑色，蜡膜灰色，脚偏绿。

生活习性：短趾雕栖息于低山丘陵和山脚平原地带有稀疏树木的开阔地区，是一种以蛇为主要食物的大型猛禽，其次为蜥蜴类、蛙类以及小型鸟。

分布范围：夏候鸟，旅鸟，在我市多地区均有记录，少见。

短趾雕 | 摄影 吴佳正

乌雕
wū   diāo

英文名称: Greater Spotted Eagle

拉丁学名: Clanga clanga

IUCN 红色名录等级: **VU**

体长: 70 厘米

别名▏花雕▏

形态特征: 雌雄相似。全身乌褐色，缀紫色光泽，下体羽棕褐色，下胸、腹部驼灰色，跗跖羽褐、污白相杂，虹膜褐色，嘴黑褐色，脚黄色，爪黑色。

生活习性: 栖息于平原和草原，取食鼠、蛙、蛇、鸟、鱼及动物尸体等。

分布范围: 夏候鸟，旅鸟，我市达拉特旗有记录，少见。

乌雕▕摄影 吴佳正

乌雕▕摄影 吴佳正

草原雕
cǎo yuán diāo

| 英文名称：Steppe Eagle | IUCN 红色名录等级：**EN** |
| 拉丁学名：Aquila nipalensis | 体长：70 厘米 |

草原雕 | 摄影 吴佳正

形态特征：雌雄相似。体色变化较大，有灰褐色、土褐色、深褐色等色型，两翼具深色后缘，有时翼下大覆羽露出浅色翼斑，虹膜黄褐色，嘴黑褐色，蜡膜暗黄色，趾黄色，爪黑色。

生活习性：栖息于低海拔山区和开阔草原，捕食野兔、蜥蜴、鼠类。

分布范围：夏候鸟，旅鸟。在我市大部分地区均有记录，较常见。

草原雕 | 摄影 吴翠芬

草原雕 | 摄影 吴佳正

草原雕 | 摄影 吴佳正

草原雕 | 摄影 吴佳正

形态特征： 雌雄相似。体羽浓褐色，头顶至后颈羽金黄色，下体黑褐色，尾羽黑褐色，尾羽的根部以及双翼的下面具有白斑，虹膜栗褐色，嘴巨大，端部黑色，基部蓝灰色，爪黑色。

生活习性： 栖息于草原、荒漠和针叶林中，捕食雁鸭类、雉鸡类、狍子、鹿、狐狸、野兔等。

分布范围： 留鸟，在我市大部分地区均有记录，较少见。

金雕 | 摄影 吴佳正

金雕
jīn   diāo

英文名称： Golden Eagle	**IUCN 红色名录等级：** **LC**
拉丁学名： Aquila chrysaetos	**体长：** 85 厘米

日本松雀鹰 | 摄影 聂延秋

日本松雀鹰
rì běn sōng què yīng

| 英文名称：Japanese Sparrowhawk | IUCN 红色名录等级：LC |
| 拉丁学名：Accipiter gularis | 体长：27 厘米 |

形态特征： 雌鸟比雄鸟体形大，外型和羽色很像松雀鹰，但喉部中央的黑纹较为细窄，不似松雀鹰那样宽而粗。

日本松雀鹰 | 摄影 吴佳正

生活习性： 主要栖息于山地针叶林和混交林中，主要以山雀、莺类等小型鸟类为食，也吃昆虫和蜥蜴。

分布范围： 旅鸟，在我市达拉特旗、准格尔旗有记录，少见。

日本松雀鹰 | 摄影 吴佳正

雀鹰
què yīng

英文名称：Eurasian Sparrowhawk

拉丁学名：Accipiter nisus

IUCN 红色名录等级：LC

体长：34 厘米

雀鹰 | 摄影 吴佳正

雀鹰 | 摄影 吴佳正

形态特征：雄鸟上体灰蓝色，腹白色有栗褐色横斑，眉线白色，颊栗红色，喉白色，尾羽灰褐色，有四条褐色横带。雌鸟体型较雄鸟大，上体褐色，下体白色，胸腹部具灰褐色横斑。虹膜淡黄褐色，嘴暗铅灰色，尖端黑色，嘴基、脚趾淡黄褐色，爪黑色。

生活习性：栖息于林缘、草地，以鸟类、鼠类为食。

分布范围：迷鸟，我市各地均有记录，少见。

苍鹰

cāng yīng

| 英文名称：Northern Goshawk | IUCN 红色名录等级：**LC** |
| 拉丁学名：Accipiter gentilis | 体长：56 厘米 |

形态特征：上体青灰色，头顶、后颈颜色较深，具白色眉纹，下体白色具深褐色横纹，尾羽灰褐色，具宽阔黑色横带。雌鸟体型较大，多褐色，下体较雄鸟羽色更浓。虹膜金黄色，嘴角质灰色，蜡膜浅绿色，跗跖、脚黄色，爪黑褐色。

苍鹰 | 摄影 吴佳正

苍鹰 | 摄影 聂延秋

生活习性：栖息于丘陵地区的树林中，主要以鼠、鸟、野兔为食。

分布范围：旅鸟，冬候鸟，我市多地均有记录。数量不多，较少见。

苍鹰 | 摄影 吴佳正

形态特征： 雄鸟上体暗褐色，缀以污灰、白色点斑或羽缘，头顶、颈部和背部白色，杂以宽阔的黑色纵纹，耳后至下嘴有一圈由深色稍曲的短羽组成的翎领，围成面盘。雌鸟上体颜色更深，头部黑色纵纹较少。虹膜棕黄色，嘴黑色，基部灰蓝，蜡膜黄绿色，脚、趾黄色，爪黑色。

生活习性： 栖息于河、湖、水塘、沼泽等处的芦苇、蒲草或树林中，取食鱼、蛙、鸟及啮齿类动物等。

分布范围： 旅鸟，夏候鸟，我市中部地区有记录。较少见。

白头鹞 ｜ 摄影 聂延秋

白头鹞
bái tóu yào

英文名称： Western Marsh Harrier
拉丁学名： Circus aeruginosus

IUCN 红色名录等级： LC
体长： 50 厘米

白头鹞 ｜ 摄影 吴佳立

白腹鹞 | 摄影 崔过斌

白腹鹞
bái fù yào

英文名称：Eastern Marsh Harrier

拉丁学名：Circus spilonotus

IUCN 红色名录等级：LC

体长：50 厘米

形态特征： 有黑色和褐色两型。黑色型雄鸟翼为灰色，翼端褐色，颈、肩有白色点斑，颏、喉部和上胸黑色，也杂有白色点斑，下胸及腹白色。褐色型雄鸟黑色部分为褐色替代；雌鸟背褐色，胸腹棕褐色，头顶、肩、上背及喉乳白色，尾上履羽褐色有白斑。虹膜橙黄色，嘴铅灰色，基部淡黄色，蜡膜暗黄色，脚淡黄绿色。

白腹鹞 | 摄影 崔过斌

生活习性： 栖息于沼泽等湖泊潮湿地带，常低空盘旋觅食，以鸭类、鸊鷉、白骨顶等中小型鸟类及其卵为食，也食鼠类、蛙类等小型爬行动物。

分布范围： 夏候鸟，在我市伊金霍洛旗有记录，较少见。

白腹鹞 | 摄影 崔过斌

白尾鹞

bái wěi yào

英文名称： Hen Harrier

拉丁学名： Circus cyaneus

IUCN 红色名录等级： LC

体长： 50 厘米

形态特征： 雄鸟头、颈、背、腰、颏、喉部和上胸部均为灰色，下胸、腹部、尾上、尾下覆羽白色，翼后缘及外侧初级飞羽黑色。雌鸟褐色，领环色浅，翼下覆羽无赤褐色横斑，次级飞羽色浅，上胸具纵纹。雄性成鸟虹膜橘黄色，雌性成鸟琥珀色，雏鸟灰蓝色，嘴黑色，基部蓝色，蜡膜、腿、脚黄色。

白尾鹞 | 摄影 崔过斌

白尾鹞 | 摄影 崔过斌

生活习性： 栖息于江河、湖泊、沼泽附近的苇蒲或树林中，取食鸟类、蛙类、啮齿类动物等。

分布范围： 留鸟，冬候鸟，在我市大部分地区均有记录，常见。

白尾鹞 | 摄影 崔过斌

鹊鹞
què yào

英文名称：Pied Harrier

拉丁学名：Circus melanoleucos

IUCN 红色名录等级：LC

体长：42 厘米

鹊鹞 | 摄影 崔过斌

生活习性： 栖息于开阔的低山丘陵、山脚平原、草地、林缘灌丛和沼泽草地，主要以小鸟、鼠类、林蛙、蜥蜴、蛇、昆虫等小型动物为食。

分布范围： 夏候鸟，旅鸟，在我市大部分地区均有记录，常见。

鹊鹞 | 摄影 崔过斌

形态特征： 雄鸟体羽黑、白及灰色，头、喉及胸部黑色而无纵纹。雌鸟上体褐色沾灰并具纵纹，腰白，尾具横斑，下体皮黄具棕色纵纹，飞羽下面具近黑色横斑。虹膜黄色，嘴角质色，脚黄色。

鹊鹞 | 摄影 崔过斌

黑鸢 | 摄影 耿斌

黑鸢
hēi yuān

英文名称: Black Kite	**IUCN 红色名录等级:** **LC**
拉丁学名: Milvus migrans	**体长:** 65 厘米

黑鸢 | 摄影 吴佳正

形态特征: 雌雄相似。体羽暗褐色,缀棕黄色斑,翅下左右各有一白斑,尾呈浅叉状,耳羽黑褐色,故又名黑耳鸢,虹膜暗褐,嘴深石板黑色,下嘴基部浅绿色,脚浅绿,爪黑色。

生活习性: 栖息于村庄、城郊附近,以小型动物、昆虫、鱼类及腐肉为食。

分布范围: 冬候鸟,旅鸟,在我市大部分地区都有记录,常见。

玉带海雕
yù dài hǎi diāo

英文名称： Pallas's Fish Eagle

拉丁学名： Haliaeetus leucoryphus

IUCN 红色名录等级： VU

体长： 80 厘米

形态特征： 雌雄相似。嘴稍细，头细长，颈也较长，雌鸟体型稍大，虹膜淡灰黄色到黄色，嘴暗石板黑色或铅色，蜡膜和嘴裂淡色，脚和趾暗白色、黄白色或暗黄色，爪黑色。

生活习性： 栖息于有湖泊、河流和水塘等水域的开阔地区，吃淡水鱼和雁鸭等水禽。

分布范围： 夏候鸟，在我市多地均有记录，极少见。

玉带海雕 | 摄影 吴佳正

玉带海雕 | 摄影 吴佳正

玉带海雕 | 摄影 宋宇明

白尾海雕 | 摄影 吴佳正

形态特征： 雌雄相似。全身褐色，胸羽略浅，背部有深色点斑，两翼黑褐色，翼下覆羽深栗色，尾短楔形，尾羽白色或基部褐色，虹膜黄色，嘴、脚、蜡膜黄色，爪黑色。

生活习性： 栖息于河、湖及沿海周围，取食鱼类、野鸭、野兔、鼠类及动物尸体。

分布范围： 冬候鸟，我市达拉特旗有记录，较少见。

白尾海雕
bái wěi hǎi diāo

英文名称： White-tailed Sea Eagle
拉丁学名： Haliaeetus albicilla

IUCN 红色名录等级： LC
体长： 85 厘米

白尾海雕 | 摄影 耿斌

毛脚鵟

máo jiǎo kuáng

英文名称： Rough-legged Hawk
拉丁学名： Buteo lagopus

IUCN 红色名录等级： LC
体长： 54 厘米

形态特征： 雌雄羽色相似。体羽多褐色，头、上颈色浅近乳白色，缀黑褐色羽干纹，背浅灰色，腹及两胁具深褐色，两翼色深，尾羽色浅，对比明显，虹膜暗褐色，嘴黑褐色，基部灰蓝，尖端黑色，蜡膜、脚趾黄色，跗骨被羽，色浅，常缀深色点斑，爪角褐色。

雌鸟及幼鸟浅色头和深色胸成对比，雄鸟头部深，胸色浅。

生活习性： 栖息于林缘、疏林的乔木上，以鼠类等为食。

分布范围： 冬候鸟，我市伊金霍洛旗有记录，较少见。

毛脚鵟 | 摄影 子钧

毛脚鵟 | 摄影 子钧

大鵟 | 摄影 苏云翔

大鵟
dà kuáng

英文名称： Upland Buzzard

拉丁学名： Buteo hemilasius

IUCN 红色名录等级： LC

体长： 70 厘米

形态特征： 雌雄相似。羽色变化大，有数种色型，额、头顶、枕部淡黄白色，有棕褐色斑纹，体背面暗色，腹面暗或淡色，有暗色横纹或纵纹，尾羽有数条暗色及淡色横纹，多褐色，飞行时翼下有大型白斑，翼角有大黑斑，虹膜黄褐色，嘴角黑褐色，蜡膜黄绿色，脚暗黄色，爪黑色。

大鵟 | 摄影 王伟

大鵟 | 摄影 吴佳正

生活习性： 栖息于山丘、林边或草原，喜停息在高树上或高凸物上，以鼠类、野兔、小鸟等为食。

分布范围： 留鸟，在我市西部区有繁殖记录，常见。

大鵟 | 摄影 吴佳正

大鵟 | 摄影：吴徒田

普通鵟 | 摄影 吴佳正

普通鵟
pǔ tōng kuáng

英文名称： Eastern Buzzard	**IUCN 红色名录等级：LC**
拉丁学名： Buteo japonicus	**体长：** 55 厘米

形态特征： 雌雄羽色稍有区别，随年龄体色变异较大，较难区别。全身体色大致暗褐或灰褐，初级飞羽基部有特征性白色块斑，末端黑色，翼角黑色，虹膜淡褐色，嘴黑褐色，基部沾蓝，蜡膜、跗跖、趾黄色，爪黑色。

普通鵟 | 摄影 吴佳正

生活习性： 栖息于开阔地附近稀疏的森林中，秋冬季出现在农田、草地、丘陵地上空，以野兔、蜥蜴、蛙类和昆虫为食。

分布范围： 旅鸟，在我市大部分地区均有记录，较少见。

普通鵟 | 摄影 吴佳正

棕尾鵟
zōng wěi kuáng

| 英文名称：Long-legged Hawk | IUCN 红色名录等级：**LC** |
| 拉丁学名：*Buteo rufinus* | 体长：64 厘米 |

形态特征：雌雄相似。体色变异大，从米黄色至棕色至深褐色，常见的典型体色为上体深褐色和棕色相杂，下体棕黄，具褐色纵纹，喉部具巧克力色中央斑，翼下覆羽棕色，与白色飞羽界限分明，翼角有大型黑斑，尾羽淡褐色，具"V"形深色条纹，虹膜苍白色或褐色，嘴黑色，跗跖及脚黄色，爪黑色。

生活习性：栖息于无树木大草原、半荒漠地区、多岩石地区，食性似普通鵟。

分布范围：冬候鸟，我市杭锦旗、达拉特旗有记录，较少见。

棕尾鵟 | 摄影 吴佳正

棕尾鵟 | 摄影 吴佳正

红角鸮

hóng jiǎo xiāo

英文名称：Oriental Scops Owl

拉丁学名：Otus sunia

IUCN 红色名录等级：LC

体长：20 厘米

形态特征：雌雄相似。上体灰褐色（有棕栗色），有黑褐色虫蠹状细纹，面盘灰褐色，密布纤细黑纹，领圈淡棕色，耳羽基部棕色，头顶至背和翅覆羽杂以棕白色斑，下体大部分红褐至灰褐色，有暗褐色纤细横斑和黑褐色羽干纹，嘴暗绿色，先端近黄色，爪灰褐色。

生活习性：栖息于山地林间，以昆虫、鼠类、小鸟为食。

分布范围：旅鸟，夏候鸟，在我市西部地区有记录，极少见。

红角鸮｜摄影 吴佳正

雕鸮 | 摄影 吴佳正

| 雕鸮
diāo xiāo | 英文名称：Eurasian Eagle-Owl
拉丁学名：Bubo bubo | IUCN 红色名录等级：LC
体长：80 厘米 |

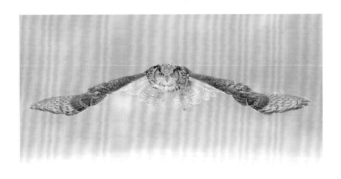

雕鸮 | 摄影 吴佳正

生活习性： 栖息于山地、森林、荒野，主要以鼠类为食，也食兔、鸟类、两栖类动物等。

分布范围： 留鸟，在我市大部分地区均有繁殖记录，常见。

别名 | 鸮狐

形态特征： 雌雄相似。眼上方具一大的黑斑，耳羽簇长而显著，通体羽毛黄褐色，有黑色斑点和纵纹，胸部两胁有黑色纵纹，腹部有细小横斑纹，虹膜金黄色，幼鸟橙红色，眼大而圆，嘴爪粗，铅灰色并具利钩。

雕鸮 | 摄影 段智慧

形态特征：雌雄相似。无耳羽簇，上体褐色，具白色纵纹及斑点，下体棕白色而有褐色纵纹，腹部中央至肛及覆腿羽白色，虹膜黄色，嘴黄绿色，爪栗色。

纵纹腹小鸮 | 摄影 吴佳正

纵纹腹小鸮 | 摄影 吴佳正

生活习性：栖息于平原开阔的林原地带，也在农田附近的大树上活动，以昆虫和鼠类为食。

分布范围：留鸟，在我市大部分地区均有繁殖记录。

纵纹腹小鸮
zòng wén fù xiǎo xiāo

英文名称： Little Owl

拉丁学名： Athene noctua

IUCN 红色名录等级： LC

体长： 23 厘米

纵纹腹小鸮 | 摄影 吴翠芬

长耳鸮

cháng ěr xiāo

英文名称：Long-eared Owl
拉丁学名：Asio otus

IUCN 红色名录等级：**LC**
体长：34 厘米

形态特征：雌雄相似。上体褐色，具暗色块斑及皮黄色、白色斑点，下体棕黄色，杂以黑褐色"丰"形纵纹，橙色面盘明显，头顶有两簇具黑色或皮黄色斑纹的长羽，虹膜金黄色，嘴黑色，爪暗铅色。

生活习性：栖息于树林及农田、草原中，主要以啮齿类动物为食。

分布范围：留鸟，在我市大部分地区均有繁殖记录，常见。

长耳鸮｜摄影 吴佳正

短耳鸮
duǎn ěr xiāo

英文名称：Short-eared Owl
拉丁学名：Asio flammeus

IUCN 红色名录等级：**LC**
体长：36 厘米

形态特征： 雌雄相似。体型似长耳鸮，但耳簇羽不显著，上体黄褐色，具黑褐色纵纹，下体黄色具深褐色纵纹，无横斑，虹膜金黄，嘴、爪黑色，跗跖和趾被棕黄色羽。

短耳鸮 | 摄影 杜江

短耳鸮 | 摄影 吴佳立

生活习性： 栖息于森林、草原、荒漠、丘陵及沼泽等环境，以小型哺乳动物为食，也食小鸟、蜥蜴、植物种子和果实。

分布范围： 冬候鸟，我市多地均有记录，较常见。

短耳鸮 | 摄影 吴佳立

戴胜 | 摄影 何静波

戴胜

dài shèng

英文名称：Common Hoopoe

拉丁学名：Upupa epops

IUCN 红色名录等级：**LC**

体长：18 厘米

别名 | 卟卟咛 臭鸪鸪 |

形态特征： 雌雄相似。上体羽毛暗棕褐色，头具长羽冠，后羽冠具白色次端斑，虹膜暗褐色，嘴黑褐色，基部较淡，脚、趾暗铅色。

戴胜 | 摄影 吴佳正

戴胜 | 摄影 耿斌

生活习性： 栖息于宽阔的园地、农田或低洼的树林，用嘴在地面翻动寻找食物。

分布范围： 夏候鸟，在我市大部分地区均有繁殖记录，常见。

蓝翡翠 | 摄影 吴佳正

蓝翡翠
lán fěi cuì

| 英文名称：Black-capped Kingfisher | IUCN 红色名录等级：LC |
| 拉丁学名：Halcyon pileata | 体长：30 厘米 |

形态特征： 雌雄相似。头顶黑色，颈具宽阔白领环，体背部、飞羽、尾羽蓝色，翼上覆羽黑色，喉白色，腹橙棕色，飞行时可见明显白色翼斑，虹膜暗褐色，嘴珊瑚红色，脚趾红色，爪褐色。

生活习性： 栖息于河流、池塘、沼泽地，以动物性食物为主，捕食小鱼、虾、蟹、蛙及蝗虫、蝼蛄等昆虫。

分布范围： 夏候鸟，在我市鄂托克前旗有繁殖记录，少见。

蓝翡翠 | 摄影 吴佳正

普通翠鸟
pǔ tōng cuì niǎo

英文名称: Common Kingfisher	**IUCN 红色名录等级: LC**
拉丁学名: Alcedo atthis	**体长:** 16 厘米

普通翠鸟 | 摄影 吴佳正

形态特征: 雄鸟嘴黑色,雌鸟上嘴黑色,下嘴红色,头暗蓝绿色,具翠蓝色细斑,眼下和耳羽栗棕色,耳后颈侧白色,体背灰翠蓝色,肩和翅暗绿蓝色,翅上杂有翠蓝色斑,喉部白色,胸部以下呈鲜明的栗棕色,虹膜土褐色,脚趾朱红色,爪黑色。

普通翠鸟 | 摄影 吴佳正

普通翠鸟 | 摄影 张贵斌

生活习性: 栖息于淡水湖泊、溪流、鱼塘周边,俯冲入水捕食,主要以鱼类为食,也食甲壳类和水生昆虫。

分布范围: 夏候鸟,偶见极少数留鸟,在我市大部分地区均有繁殖记录,常见。

蚁䴕｜摄影 吴佳正

yǐ liè

英文名称: Eurasian Wryneck	IUCN 红色名录等级: **LC**
拉丁学名: Jynx torquilla	体长: 17 厘米

形态特征: 雌雄同色。全身体羽淡银灰色，两翅表面沾黄褐色，满布黑褐色纹，斑驳杂乱，极似蛇蜕颜色，故称蛇皮鸟，虹膜淡栗色，嘴、脚淡灰色。

生活习性: 栖于树枝而不攀树，也不啄凿树干取食，常在地面取食，舌长，具钩端及黏液，可伸入树洞或蚁巢中取食。

分布范围: 夏候鸟，在我市大部分地区均有记录，少见。

星头啄木鸟

xīng tóu zhuó mù niǎo

| 英文名称：Grey-capped Woodpecker | IUCN 红色名录等级：**LC** |
| 拉丁学名：Dendrocopos canicapillus | 体长：15 厘米 |

形态特征： 雌雄相似。额至头顶灰色或灰褐色，宽阔的白色眉纹自眼后延伸至颈侧。雄鸟在枕部两侧各有一深红色斑，上体黑色，下背至腰和两翅呈黑白斑杂状，下体具粗著的黑色纵纹。

生活习性： 主要栖息于山地和平原阔叶林、针阔叶混交林及针叶林中，常单独或成对活动，主要以昆虫为食，偶尔也吃植物果实和种子。

分布范围： 冬候鸟，留鸟，在我市中南部有记录，少见。

星头啄木鸟 | 摄影 吴佳立

星头啄木鸟 | 摄影 聂延秋

大斑啄木鸟 | 摄影 张贵斌

大斑啄木鸟
dà bān zhuó mù niǎo

英文名称：Great Spotted Woodpecker
拉丁学名：Dendrocopos major

IUCN 红色名录等级：LC
体长：23 厘米

形态特征：雄鸟上体黑色，枕部具红斑，尾黑色，楔形，羽轴坚硬，尾下覆羽红色。雌鸟似雄鸟，但枕部无红色斑带。虹膜暗红色，嘴黑色，下嘴色淡，脚黑褐色。

生活习性：栖息于平原、丘陵和山地的阔叶林、公园等处，嘴强直似凿，舌细长且尖端具钩，善于取食树皮下面的昆虫。

分布范围：留鸟，在我市大部分地区均有繁殖记录，常见。

大斑啄木鸟 | 摄影 吴佳正

灰头绿啄木鸟

huī tóu lǜ zhuó mù niǎo

英文名称：Grey-headed Woodpecker
拉丁学名：Picus canus

IUCN 红色名录等级：**LC**
体长：27 厘米

灰头绿啄木鸟 | 摄影 吴佳正

灰头绿啄木鸟 | 摄影 吴佳正

形态特征：雄鸟上体背部绿色，腰部和尾上覆羽黄绿色，额部和顶部红色。雌雄相似，但雌鸟头顶和额部非红色。虹膜红色，嘴铅灰色，跗跖和趾灰绿色，爪浅褐色。

生活习性：栖息于山林间，性胆怯，主要取食昆虫，兼食一些浆果。

分布范围：留鸟，在我市大部分地区均有繁殖记录，常见。

黄爪隼
huáng zhuǎ sǔn

英文名称：Lesser Kestrel

拉丁学名：Falco naumanni

IUCN 红色名录等级：**LC**

体长：30 厘米

黄爪隼 | 摄影 吴佳正

黄爪隼 | 摄影 吴佳正

形态特征： 雄鸟头灰色，上体赤褐而无斑纹，腰及尾蓝灰色，下体淡棕色，颏及臀白色，胸具稀疏黑点，尾近端处有黑色横带，端白。雌鸟红褐色较重，全身无灰蓝色，上体具横斑及点斑，下体具黑色纵纹。爪浅色，而红隼爪黑色。

生活习性： 栖息于荒山、开阔荒漠、草地，主食昆虫、蜥蜴，迁徙时结群。

分布范围： 旅鸟，夏候鸟，在我市大部分地区均有记录，少见。

红隼 | 摄影 吴佳正

红隼 hóng sǔn	英文名称：Common Kestrel 拉丁学名：Falco tinnunculus	IUCN 红色名录等级：**LC** 体长：33 厘米

红隼 | 摄影 吴佳立

形态特征：雄鸟上体赤褐色，有黑色横斑，头顶至颈背灰色，眼下有黑斑，下体皮黄色，有黑色纵纹，尾羽末端灰白，有一黑色次端斑。雌鸟上体深棕色参杂黑褐色横斑，尾羽带数条黑褐色横纹及一宽阔黑色次端斑。虹膜暗褐，嘴灰蓝色，先端石板黑色，基部、蜡膜黄色，脚趾深黄色，爪黑色。

生活习性：栖息于堤坝、农田、疏林、旷野，主要以鼠类、小鸟、昆虫为食。

分布范围：留鸟，在我市大部分地区均有繁殖记录，常见。

红隼 | 摄影 吴佳正

红脚隼

hóng jiǎo sǔn

英文名称： Amur Falcon
拉丁学名： Falco amurensis

IUCN 红色名录等级： LC
体长： 31 厘米

红脚隼 ┃ 摄影 吴佳正 ♂

红脚隼 ┃ 摄影 吴佳正 ♀

别名 ┃ 阿穆尔隼 蚂蚱鹰 ┃

形态特征： 雄鸟大体灰色，背羽色重，腿、腹及臀部棕红色。雌鸟额白，头顶灰褐色，具黑色纵纹下腹及臀部浅棕红色。虹膜暗褐色，眼周裸出部黄色，嘴石板灰色，基部黄色，蜡膜橙红色，脚和趾橙红色，爪淡黄色。

红脚隼 ┃ 摄影 吴佳正

生活习性： 栖息于林缘开阔地、河岸、宽阔山沟，以昆虫为食。

分布范围： 夏候鸟，在我市大部分地区均有繁殖记录，数量多，常见。

灰背隼｜摄影 杨文致

灰背隼
huī bèi sǔn

英文名称： Merlin

拉丁学名： Falco columbarius

IUCN 红色名录等级： LC

体长： 30 厘米

灰背隼｜摄影 杨文致

形态特征： 雄鸟上体蓝灰色，略带黑色细纹，后颈有一道棕色领圈，并杂以黑斑，胸腹部和两肋有棕褐色细纹，尾羽蓝灰色具黑色次端斑、端白。雌鸟背羽、尾羽暗褐色，眉纹及喉白色，胸、腹部多深褐色斑纹，尾具近白色横斑。虹膜、嘴暗褐色，先端黑色，蜡膜、跗跖均黄色，爪黑色。

生活习性： 栖息于林缘、草甸、芦苇、沼泽和农田，以小型鸟类、鼠类和昆虫为食。

分布范围： 夏候鸟，旅鸟，在我市达拉特旗有记录，较少见。

燕隼 | 摄影 吴佳正

燕隼
yàn sǔn

英文名称：Eurasian Hobby

拉丁学名：Falco subbuteo

IUCN 红色名录等级：**LC**

体长：30 厘米

燕隼 | 摄影 吴佳正

生活习性： 栖息于山地次生林、开阔农田和草原，主食昆虫、蜥蜴、鼠类等。

分布范围： 夏候鸟，在我市鄂托克旗、乌审旗均有记录，少见。

形态特征： 雌雄相似。上体暗灰色，胸乳黄，带有黑色纵纹，下体色淡，脚黄色，腿覆羽及尾下覆羽栗红色，虹膜暗褐色，嘴暗灰色，先端黑色，蜡膜、脚黄色，爪黑色。

燕隼 | 摄影 吴佳正

猎隼
liè sǔn

| 英文名称：Saker Falcon | IUCN 红色名录等级：**EN** |
| 拉丁学名：Falco cherrug | 体长：50 厘米 |

形态特征： 雌雄相似。头顶浅褐色，颈背偏白，眼下有不明显的黑色斑纹，眉纹白，翼尖深色，尾羽暗褐色，端部白色，虹膜褐色，嘴褐色，跗跖暗褐色，爪黑色。

猎隼 | 摄影 吴佳正

猎隼 | 摄影 吴佳正

生活习性： 栖息于山区、河湖、沼泽、湿地，以中小型水禽、野兔、鼠类为食。

分布范围： 留鸟，旅鸟，我市鄂托克旗、杭锦旗、伊金霍洛旗有记录，较少见。

猎隼 | 摄影 吴佳正

游隼｜摄影 崔过斌

游隼
yóu sǔn

英文名称：Peregrine Falcon	**IUCN 红色名录等级**：**LC**
拉丁学名：Falco peregrinus	**体长**：50 厘米

生活习性：栖息于山地、丘陵与湖泊沿岸地带，食性似猎隼。

分布范围：旅鸟，冬候鸟，在我市杭锦旗、达拉特旗有记录，少见。

游隼｜摄影 崔过斌

形态特征：翅长而尖，眼周黄色，颊有一粗著的垂直向下的黑色髭纹，头至后颈灰黑色，其余上体蓝灰色，尾具数条黑色横带。

游隼亚种｜摄影 杨文致

黑枕黄鹂
hēi zhěn huáng lí

英文名称： Black-naped Oriole
拉丁学名： Oriolus chinensis

IUCN 红色名录等级：LC
体长： 23—27 厘米

黑枕黄鹂 ┃ 摄影 吴佳正

形态特征： 雌雄羽色相似，但雌羽较暗淡。通体金黄色，两翅和尾黑色，头枕部有一宽阔的黑色带斑，并向两侧延伸，与黑色贯眼纹相连，形成一条围绕头顶的黑带，在金黄色的头部甚为醒目。

生活习性： 树栖鸟，极少在地面活动，喜集群，常成对在树丛中穿梭，叫声悦耳，主食昆虫，也吃果实和种子。

分布范围： 数量少，夏候鸟，我市东胜区有繁殖记录，较少见。

黑枕黄鹂 ┃ 摄影 刘海军

黑卷尾
hēi juǎn wěi

英文名称： Black Drongo
拉丁学名： Dicrurus macrocercus

IUCN 红色名录等级： LC
体长： 30 厘米

黑卷尾 | 摄影 吴佳正

黑卷尾 | 摄影 聂延秋

形态特征： 雌雄相似。通体黑色，上体、胸部及尾羽具灰蓝色光泽，尾长为深凹形，最外侧一对尾羽向外上方卷曲。

生活习性： 平时栖息在山麓或具溪流的树顶上，在开阔地常落在电线上，繁殖期有非常强的领域行为，性凶猛，非繁殖期喜结群打斗，主要取食昆虫。

分布范围： 数量多，旅鸟，我市准格尔旗、伊金霍洛旗有记录，较少见。

形态特征：雌雄相似。冠羽发丝状，体羽黑色具蓝绿色金属光泽，外侧尾羽末端向上卷曲明显，脚黑色。

生活习性：栖息于 1500 米以下的低山丘陵和山脚沟谷地带，多在常绿阔叶林、次生林上活动，飞行快而有力。

分布范围：东北和华北为夏候鸟，常见。我市为旅鸟，不常见，东胜区有记录。

发冠卷尾 | 摄影 吴佳正

发冠卷尾
fà guān juǎn wěi

英文名称： Hair-crested Drongo
拉丁学名： Dicrurus hottentottus

IUCN 红色名录等级： LC
体长： 35 厘米

发冠卷尾 | 摄影 聂延秋

牛头伯劳

niú tóu bó láo

英文名称： Bull-headed Shrike	**IUCN 红色名录等级：** **LC**
拉丁学名： Lanius bucephalus	**体长：** 23 厘米

牛头伯劳 ┃ 摄影 聂延秋

形态特征： 雌雄相似。喙强健，具钩和齿，头顶及枕部栗红，背羽灰褐色，尾羽褐色，黑色贯眼纹明显，尾羽褐色，下体羽棕白，两胁深棕色，下体横纹明显。

生活习性： 栖息于低山、丘陵和平原地带的疏林及林缘灌丛草地，性活跃，鸣声粗厉洪亮，主要以昆虫为食。

分布范围： 旅鸟，夏候鸟，我市鄂托克旗、杭锦旗、伊金霍洛旗、达拉特旗有记录，较少见。

牛头伯劳 ┃ 摄影 聂延秋

红尾伯劳

hóng wěi bó láo

英文名称：Brown Shrike

拉丁学名：Lanius cristatus

IUCN 红色名录等级：**LC**

体长：18 — 21 厘米

红尾伯劳 | 摄影 吴佳立

红尾伯劳 | 摄影 吴佳正

形态特征： 雌雄相似。上体棕褐或灰褐色，两翅黑褐色，头顶灰色或红棕色，具白色眉纹和黑色贯眼纹，尾上覆羽红棕色，尾羽棕褐色，尾呈楔形，颏、喉白色，其余下体棕白色。

生活习性： 一般生活于温湿地带森林，常见于平原、丘陵至低山区，多筑巢于林缘、开阔地附近。

分布范围： 旅鸟，夏候鸟，我市鄂托克旗、杭锦旗、伊金霍洛旗、达拉特旗有记录，较少见。

荒漠伯劳

huāng mò bó láo

英文名称: Isabelline Shrike
拉丁学名: Lanius isabellinus

IUCN 红色名录等级: LC
体长: 18 厘米

形态特征: 雄鸟头顶、后颈和上体沙褐色，前额略淡，贯眼纹黑褐色，尾羽红棕色，两翼暗褐色，有一不大明显的白色翼斑，下体白色，沾淡沙褐色，雌鸟较雄鸟羽色淡，颈和胸部有不明显的褐色鳞纹，虹膜褐色，嘴、脚黑色。

荒漠伯劳 | 摄影 吴佳正

荒漠伯劳 | 摄影 吴佳正

生活习性: 栖息于荒漠疏林地区、林缘和村落附近，阔叶树上筑巢，主食昆虫。

分布范围: 夏候鸟，在我市大部分地区均有繁殖记录，常见。

荒漠伯劳 | 摄影 聂延秋

楔尾伯劳 | 摄影 吴佳正

楔尾伯劳

xiē wěi bó láo

英文名称：Chinese Gray Shrike
拉丁学名：Lanius sphenocercus

IUCN 红色名录等级：LC
体长：30 厘米

形态特征：雌雄相似。上体羽灰色，翅飞羽基部具白色带斑，下体羽白色，有的微沾粉色，尾羽特长，羽端呈凸状尾，中央尾羽黑色，端部白色，最外侧 3 对尾羽白色，虹膜暗褐色，嘴、脚黑褐色。

生活习性：栖息于平原地区、林缘树上，捕食昆虫和小型脊椎动物。

分布范围：留鸟，在我市大部分地区均有繁殖记录，常见。

楔尾伯劳 | 摄影 吴佳正

灰喜鹊 | 摄影 吴佳立

灰喜鹊
huī xǐ què

英文名称：Azure-winged Magpie
拉丁学名：Cyanopica cyanus

IUCN 红色名录等级：**LC**
体长：36 厘米

灰喜鹊 | 摄影 耿斌

形态特征：雌雄相似。上体近灰色，头额部至枕及头上半部黑色，并有蓝色金属光泽，两翼及尾天蓝色，中央尾羽端部白色，虹膜黑褐色，嘴、跗跖、趾和爪黑色。

生活习性：栖息于开阔的松林及阔叶林，公园甚至城镇居民区，取食昆虫、植物果实及动物尸体，喜小群活动。

分布范围：留鸟，在我市大部分地区均有繁殖记录，常见。

红嘴蓝鹊
hóng zuǐ lán què

英文名称：Red-billed Blue Magpie
拉丁学名：Urocissa erythroryncha

IUCN 红色名录等级：**LC**
体长：68 厘米

形态特征： 喙红色，头、颈、喉和胸黑色，头顶至后颈有一块白色至淡蓝白色块斑，上体紫蓝灰色或淡蓝灰褐色，下体白色，尾长，呈凸状，中央尾羽最长且端白色，虹膜橘红色，嘴、脚红色。

生活习性： 栖息于山区常绿阔叶林、针叶林、针阔叶混交林和次生林，喜集群。

分布范围： 旅鸟，迷鸟，我市少见，准格尔旗和鄂托克前旗有记录。

红嘴蓝鹊 | 摄影 吴佳正

红嘴蓝鹊 | 摄影 何静波

喜鹊
xǐ què

英文名称：Common Magpie
拉丁学名：Pica pica

IUCN 红色名录等级：**LC**
体长：45 厘米

喜鹊 | 摄影 吴佳正

别名 | 野雀子 |

形态特征：雌雄相似。上体黑色，肩羽及下胸至腹部为白色，两翼及尾羽具黑蓝色金属光泽，尾羽长呈凸状，飞行时翼上有明显白斑，虹膜黑褐色，嘴、脚黑色。

生活习性：栖息于平原、山区、村落附近，多在地面取食，食性广泛。

分布范围：留鸟，在我市大部分地区均有繁殖记录，常见。

喜鹊 | 摄影 耿斌

黑尾地鸦

hēi wěi dì yā

英文名称：Mongolian Ground Jay
拉丁学名：Podoces hendersoni

IUCN 红色名录等级：**LC**
体长：30 厘米

形态特征：雌雄相似。上体沙褐色，腰、背沾棕红色，头顶黑色，初级飞羽具大块白斑，下体淡黄色，尾黑蓝色，嘴长而弯曲，嘴、脚黑色。

生活习性：栖息于荒漠、多岩石地带的地面及灌丛，以种子及无脊椎动物为食。

分布范围：旅鸟，在我市鄂托克前旗有记录，少见。

黑尾地鸦 ┃ 摄影 吴佳正

红嘴山鸦

hóng zuǐ shān yā

英文名称： Red-billed Chough
拉丁学名： Pyrrhocorax pyrrhocorax

IUCN 红色名录等级： LC
体长： 43 厘米

红嘴山鸦 | 摄影 吴佳正

形态特征： 雌雄相似。全身黑色，有蓝紫色光泽，虹膜褐色或暗褐色，嘴红色，长而微下弯，脚红色。

生活习性： 栖息于山边平原、沟壑土崖，非繁殖期喜成群在山谷间盘旋飞翔，鸣声尖锐，主要取食昆虫，也食少量种子。

分布范围： 留鸟，在我市大部分地区均有繁殖记录，常见。

红嘴山鸦 | 摄影 吴佳正

形态特征： 雌雄相似。枕、颈、上背、胸及腹部白色，余部黑色且具金属光泽，虹膜黑褐色，嘴、脚黑色。

生活习性： 栖息于平原、山谷、农田、旷野，非繁殖期集大群活动，筑巢于土崖、断壁的洞穴裂缝，主食谷物和昆虫。

分布范围： 留鸟，在我市大部分地区均有记录，数量多，分布广，常见。

达乌里寒鸦 | 摄影 吴佳正

达乌里寒鸦
dá wū lǐ hán yā

英文名称： Daurian Jackdaw
拉丁学名： Corvus dauuricus

IUCN 红色名录等级： LC
体长： 33 厘米

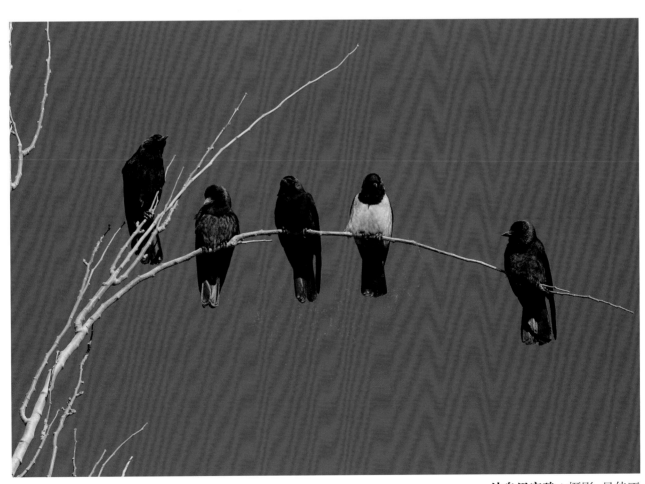

达乌里寒鸦 | 摄影 吴佳正

秃鼻乌鸦 | 摄影 耿斌

秃鼻乌鸦
tū bí wū yā

英文名称： Rook	**IUCN 红色名录等级：** **LC**
拉丁学名： Corvus frugilegus	**体长：** 47 厘米

形态特征： 雌雄相似。大体似小嘴乌鸦，区别于额弓高凸，嘴圆尖，基部裸露皮肤灰白色，飞行时尾楔形，两翼略细长，翼指明显，虹膜褐色，嘴、脚黑色。

生活习性： 栖息于低山、平原、湿地及村庄周边，主食谷物、植物、种子和昆虫。

分布范围： 旅鸟，夏候鸟，在我市伊金霍洛旗、达拉特旗有记录，较少见。

小嘴乌鸦

xiǎo zuǐ wū yā

英文名称：Carrion Crow

拉丁学名：Corvus corone

IUCN 红色名录等级：**LC**

体长：50 厘米

别名▕黑老哇▕

形态特征：雌雄相似。与秃鼻乌鸦的区别在于嘴基部被黑色羽，与大嘴乌鸦的区别在于额弓较低，嘴虽强劲但形显细小。虹膜褐色，嘴黑色，脚黑色。

生活习性：属于杂食性鸟类，以腐尸、垃圾等杂物为食，亦取食植物的种子和果实，是自然界的清洁工。喜在较高的树上筑巢，巢用枯枝搭建，内垫柔软材料。

分布范围：旅鸟，在我市大部分地区均有记录，常见。

小嘴乌鸦 ▏摄影 吴佳正

大嘴乌鸦
dà zuǐ wū yā

| 英文名称：Large-billed Crow | IUCN 红色名录等级：**LC** |
| 拉丁学名：Corvus macrorhynchos | 体长：48 厘米 |

大嘴乌鸦 | 摄影 吴佳正

形态特征： 雌雄相似。全身黑色，具蓝绿金属光泽，后颈羽毛柔软如发，羽干不明显，虹膜褐色或暗褐色，嘴粗大，嘴基部不光秃，嘴、脚黑色。

生活习性： 栖息于平原、山地的农田、村庄，在高大乔木上筑巢，喜集群活动，取食昆虫、鼠类等。

分布范围： 旅鸟，在我市大部分地区均有记录，少见。

大嘴乌鸦 | 摄影 吴佳正

渡鸦 | 摄影 吴佳正

渡鸦
dù yā

英文名称： Common Raven	**IUCN 红色名录等级：** **LC**
拉丁学名： Corvus corax	**体长：** 66 厘米

渡鸦 | 摄影 吴佳正

形态特征： 雌雄相似。喙基鼻须长达喙的一半，喉、胸羽毛长，呈针状，体羽黑色，具紫蓝色金属光泽。

生活习性： 栖息于林缘草地、河畔、农田、村落、草甸、荒漠、半荒漠。

分布范围： 留鸟，我市西部区域有记录，数量少，常见。

煤山雀

méi shān què

| 英文名称：Coal Tit | IUCN 红色名录等级：LC |
| 拉丁学名：Periparus ater | 体长：11 厘米 |

煤山雀 | 摄影 吴佳正

形态特征： 雌雄相似。头顶、颈侧、喉及上胸黑色，翼上具两道白色翼斑，颈背部有大块白斑，头顶冠羽较明显，虹膜褐色，嘴黑色，边缘灰色，脚青灰色。

生活习性： 主要栖息于树林中，也出没于园林公园，性活跃，常在枝头跳跃，习性活跃。

分布范围： 留鸟，冬候鸟，我市东胜区、准格尔旗、杭锦旗、伊金霍洛旗、达拉特旗均有记录，较少见。

煤山雀 | 摄影 吴佳正

黄腹山雀
huáng fù shān què

英文名称：Yellow-bellied Tit
拉丁学名：Pardaliparus venustulus

IUCN 红色名录等级：LC
体长：10 厘米

黄腹山雀 | 摄影 聂延秋

形态特征： 雄鸟头部、喉、胸黑色，头侧具大块白斑，枕部有一白色沾黄的斑块，背蓝灰色，翼暗褐色，翼上具两条白色沾黄的翅斑，尾羽和尾上覆羽黑色，腹部黄色。雌鸟头部灰色重，喉白色。虹膜褐色或暗褐色，嘴蓝黑色或灰蓝色，脚铅灰色或灰黑色。

生活习性： 栖息于高大针叶树和阔叶树上，或穿梭灌丛间，有时和大山雀混群，主食昆虫，也食植物性食物。

分布范围： 夏候鸟，在我市大部分地区均有繁殖记录，常见。

黄腹山雀 | 摄影 吴佳正

黄腹山雀 | 摄影 聂延秋

沼泽山雀

zhǎo zé shān què

英文名称：Marsh Tit

拉丁学名：Poecile palustris

IUCN 红色名录等级：**LC**

体长：13 厘米

沼泽山雀 ｜摄影　聂延秋

形态特征：雌雄相似。体型比大山雀稍小，头顶黑色，头侧白色，上体砂灰褐色，腹面灰白色，中央无黑色纵带。

生活习性：栖息于森林地带，常活动于针叶林、针阔叶混交林的树冠，或攀附于树枝上取食昆虫，也常到灌丛间啄食。

分布范围：旅鸟，在我市伊金霍洛旗有记录，偶见。

沼泽山雀 ｜摄影　聂延秋

褐头山雀 | 摄影 吴佳正

褐头山雀
hè tóu shān què

| 英文名称：Willow Tit | IUCN 红色名录等级：LC |
| 拉丁学名：Poecile montanus | 体长：11 厘米 |

褐头山雀 | 摄影 吴佳正

形态特征：雌雄相似。头顶及颏褐黑，上体褐灰，下体近白，两胁皮黄，无翼斑或项纹，与沼泽山雀易混淆，但一般具浅色翼纹，黑色顶冠较大而少光泽，头部比例较大。

生活习性：栖息于针叶林或针阔叶混交林间，多成群活动，大群可多至 100 只，也见成对或单独活动的，性较活泼，在枝丫间穿梭寻觅食物，有时能倒悬枝头。

分布范围：冬候鸟，在我市大部分地区均有记录，较常见。

大山雀 ┃ 摄影 吴佳正

大山雀
dà shān què

英文名称：Cinereous Tit
拉丁学名：Parus cinereus

IUCN 红色名录等级：**LC**
体长：14 厘米

大山雀 ┃ 摄影 耿斌

形态特征：雌雄相似。头黑色，两侧有大型白斑，上体蓝灰色，翼上有一道白色翅斑，下体白色，中央贯以醒目的黑色纵纹，雌鸟的纵纹较细，虹膜褐色或暗褐色，嘴黑色或黑褐色，脚暗褐色或紫褐色。

生活习性：栖息于山区针叶林、阔叶林间，性活泼，主食昆虫、蜘蛛，仅冬季和初春季节食少量植物性食物。

分布范围：留鸟，在我市大部分地区均有繁殖记录，常见。

中华攀雀
zhōng huá pān què

英文名称：Chinese Penduline Tit
拉丁学名：Remiz consobrinus

IUCN 红色名录等级：**LC**
体长：11 厘米

形态特征：雌雄相似。雌鸟及幼鸟体色较暗，头顶及眼罩为褐色。顶冠灰色，过眼纹棕色，背黑色，尾凹形，下体皮黄色，虹膜深褐色，喙灰黑色。

生活习性：栖息于开阔平原、半荒漠地区的疏林中，尤以临近河流、湖泊等水域的阔叶林中较常见，迁徙期间也见于芦苇丛。

分布范围：在我市为冬候鸟，留鸟，达拉特旗有记录，不常见。

中华攀雀｜摄影 吴佳正

蒙古百灵 | 摄影 吴佳立

蒙古百灵
měng gǔ bǎi líng

英文名称: Mongolian Lark
拉丁学名: Melanocorypha mongolica

IUCN 红色名录等级: LC
体长: 18 厘米

形态特征: 雌雄相似。无近似鸟种,上体黄褐色,具棕黄色羽缘,头顶中央浅棕色,周围栗色,下体白色,两胁稍杂以栗纹,颊部皮黄色,后爪长而稍弯曲,虹膜褐色或灰褐色,嘴黑色,脚肉红色。

生活习性: 栖息于开阔的草原上,高飞时直冲天空,在地面上也善于奔跑,食物主要为草籽,也食一些昆虫。

分布范围: 留鸟,在我市大部分地区均有繁殖记录,常见。

| 摄影 吴佳正

大短趾百灵 | 摄影 吴佳立

大短趾百灵
dà duǎn zhǐ bǎi líng

英文名称： Greater Short-toed Lark
拉丁学名： Calandrella brachydactyla

IUCN 红色名录等级： LC
体长： 15 厘米

形态特征： 雌雄相似。上体沙褐色，具黑色纵纹，冠羽较短，喉皮黄色，胸浅褐色，前胸两侧各有一条黑色斑纹，腹污白色，大体近似云雀，只是色稍淡，体型略小。

生活习性： 栖息于荒地或山丘的草地上，有时也在稀树林栖息，取食地面的植物种子和昆虫，在密草丛中筑巢。

分布范围： 留鸟，在我市大部分地区均有繁殖记录，常见。

大短趾百灵 | 摄影 吴佳正

短趾百灵 | 摄影 吴佳正

短趾百灵

duǎn zhǐ bǎi líng

英文名称： Asian Short-toed Lark

拉丁学名： Alaudala cheleensis

IUCN 红色名录等级：NR

体长： 13 厘米

形态特征： 雌雄相似。无羽冠，似大短趾百灵，但体型较小且颈无黑色斑块，嘴较粗短，胸部纵纹散布较开，站势甚直，上体满布纵纹且尾具白色的宽边而有别于其他小型百灵。

生活习性： 栖息于干旱平原及草地，平时在地上寻食昆虫和种子，主要以草籽、嫩芽等为食，也捕食昆虫，如蚱蜢、蝗虫等。

分布范围： 留鸟，在我市大部分地区均有繁殖记录，常见。

短趾百灵 | 摄影 吴佳正

凤头百灵
fèng tóu bǎi líng

英文名称：Crested Lark
拉丁学名：Galerida cristata

IUCN 红色名录等级：**LC**
体长：18 厘米

别名 | 帽帽雀　凤头阿鹨儿 |

形态特征： 雌雄相似。上体沙褐色，具黑色纵纹，冠羽明显，眼先、颊、眉纹淡棕白色，贯眼纹黑褐色，虹膜暗褐色或沙褐色，嘴角褐色，脚肉色或黄褐色。

生活习性： 栖息于荒漠、半荒漠、旱田等地，非繁殖期常结成大群，多为短距离飞行，飞翔时呈波浪状前进，喜鸣唱，繁殖期尤为明显，喜食甲虫和草籽。

分布范围： 留鸟，在我市大部分地区均有繁殖记录，常见。

凤头百灵 | 摄影　吴佳正

凤头百灵 | 摄影　吴佳正

云雀
yún què

英文名称：Eurasian Skylark
拉丁学名：Alauda arvensis

IUCN 红色名录等级：**LC**
体长：18 厘米

别名｜鱼鳞燕｜

形态特征：雌雄相似。体型及羽色略似麻雀，雄性和雌性的相貌相似，后脑勺具羽冠，后趾具一长而直的爪，跗跖后缘具盾状鳞。

生活习性：栖息于开阔的环境，故在草原和沿海一带的平原区尤为常见，以植物种子、昆虫等为食，常集群活动。

分布范围：留鸟，在我市大部分地区均有繁殖记录，常见。

云雀｜摄影 吴佳正

角百灵 | 摄影 聂延秋

角百灵

jiǎo bǎi líng

英文名称：Horned Lark

拉丁学名：Eremophila alpestris

IUCN 红色名录等级：**LC**

体长：17 厘米

角百灵 | 摄影 聂延秋

别名┃土画眉┃

形态特征：雄鸟上体棕褐色至灰褐色，前额白色，顶部红褐色，在额部与顶部之间具宽阔的黑色带纹，带纹的后两侧，有黑色羽簇突起于头后，如角。雌鸟似雄鸟，头顶黑色，但头侧无角状羽簇。虹膜褐色或黑褐色，嘴峰黑色，跗跖黑褐色。

生活习性：栖息于干旱地带、荒漠、草地或岩石，非繁殖期多结群生活，常做短距离低飞或奔跑，取食昆虫和草籽。

分布范围：留鸟，种群数量也在逐年减少，在我市大部分地区均有记录，常见。

文须雀 | 摄影 吴佳正

文须雀

wén xū què

英文名称： Bearded Reedling	**IUCN 红色名录等级：** LC
拉丁学名： Panurus biarmicus	**体长：** 16 厘米

文须雀 | 摄影 吴佳正

文须雀 | 摄影 吴佳正

形态特征： 雄鸟头浅灰色，眼先黑色，并向下形成较宽的须状纹，为其突出特征。雌鸟体色淡，无黑色须，喉胸白色，尾下覆羽白色沾黄。虹膜橙黄色，嘴橙黄色或黄褐色，脚黑色。

生活习性： 栖息于北方多芦苇环境，结群活动于苇丛枝叶间。

分布范围： 留鸟，在我市大部分地区有繁殖记录，常见。

东方大苇莺
dōng fāng dà wěi yīng

英文名称：Oriental Reed Warbler
拉丁学名：Acrocephalus orientalis

IUCN 红色名录等级：**LC**
体长：20 厘米

形态特征： 雌雄相似。上体橄榄褐色沾灰，眉纹淡棕黄色或淡赭色，眼先褐色，耳羽灰橄榄褐色具白色斑点，两翅覆羽与背同色，飞羽褐色具淡棕色羽缘，尾羽淡褐色，凸状，颏、喉和腹中部白色，腹微缀乳黄色，胸部沾灰，两胁、尾下覆羽、肛周淡赭褐色，虹膜褐色，嘴暗褐色，下嘴基部黄色，脚淡角黄色。

生活习性： 栖息于湖畔、河边、水塘、芦苇、沼泽等水域或水域附近的苇丛、草丛，以昆虫、蜗牛、蜘蛛等无脊椎动物和植物果实、种子为食。

分布范围： 夏候鸟，在我市大部分地区均有繁殖记录，常见。

东方大苇莺 | 摄影 李俊海

东方大苇莺 | 摄影 杨文致

小蝗莺

xiǎo huáng yīng

英文名称: Pallas's Grasshopper Warbler	**IUCN 红色名录等级: LC**
拉丁学名: Locustella certhiola	**体长:** 15 厘米

小蝗莺 | 摄影 李俊海

形态特征: 雌雄相似。头顶、背、肩部具显著的黑褐色纵纹,眉纹白色,颈项部边缘灰白色,尾凸,具黑色次端斑和白色端斑,下体的喉、颏、腹近白色,胸部淡棕褐色,有的胸部具黑褐色斑点,两胁及尾下覆羽橄榄褐色至淡黄褐色,后者先端泛白,脚淡粉色。

生活习性: 常单独或成对活动,平时总是躲避在芦苇、灌丛或高草丛中的地面上觅食,一般难以发现。

分布范围: 夏候鸟,旅鸟,分布较广,不易见。

小蝗莺 | 摄影 李俊海

崖沙燕 | 摄影 耿斌

崖沙燕
yá shā yàn

英文名称： Sand Martin
拉丁学名： Riparia riparia

IUCN 红色名录等级： LC
体长： 13 厘米

形态特征： 雌雄相似。上体灰褐色，喉部、下体及尾下覆羽白色，在胸部有一宽的灰褐色横带，虹膜深褐色，嘴黑褐色，跗跖灰褐或灰褐色。

生活习性： 栖息于河流、湖泊等的泥沙滩上，常与家燕、金腰燕等混群。善于在空中捕捉飞虫。繁殖期在砂质土坡上集群繁殖。

分布范围： 夏候鸟，在我市大部分地区均有繁殖记录，常见。

崖沙燕 | 摄影 吴佳正

家燕 | 摄影 吴佳立

家燕
jiā   yàn

英文名称： Barn Swallow

拉丁学名： Hirundo rustica

IUCN 红色名录等级： LC

体长： 20 厘米

形态特征： 雌雄相似。上体、翅及尾羽均黑色，具灰蓝色光泽，额、喉及上胸栗色，后胸有不完整的黑色胸带，胸带中央多杂以栗色，下体白色或近白，尾甚长，为大叉状，虹膜暗褐色，嘴黑褐色，跗跖和趾黑色。

生活习性： 栖息于村落附近，以昆虫为食。

分布范围： 夏候鸟，在我市大部分地区均有繁殖记录，常见。

家燕 | 摄影 吴佳正

形态特征： 雌雄相似。是一种小型的深褐色燕，颏、喉、胸污白色，颏、喉具暗褐色斑点，上体灰褐色，下胸和腹深棕色，尾羽短，浅叉形，尾下腹羽较腹羽暗，脚肉棕色，虹膜黑色，喙黑色。

生活习性： 通常出现于中、低海拔上空或岩石、峭壁、隧道内，夏季会出现在高海拔上空，而冬季亦会出现在平原上空，栖息于山崖，以蚊、蝇及虻等昆虫为食。

分布范围： 夏候鸟，在我市杭锦旗有记录，少见。

岩燕 | 摄影 耿斌

岩燕
yán yàn

英文名称： Eurasian Crag Martin	**IUCN 红色名录等级：** **LC**
拉丁学名： Ptyonoprogne rupestris	**体长：** 15 厘米

岩燕 | 摄影 耿斌

白头鹎
bái tóu bēi

英文名称： Light-vented Bulbul
拉丁学名： Pycnonotus sinensis

IUCN 红色名录等级： LC
体长： 18 厘米

白头鹎 | 摄影 吴佳立

形态特征： 雌雄相似。上体橄榄色，头部黑色，耳羽后有一明显的白斑，由眼至枕部有一条白色环带，也有个体无此环带，颏、喉部白色，下体污白色，胸部缀以不明显的褐色条纹，虹膜褐色，嘴黑色，脚黑色。

生活习性： 栖息于平原或丘陵的灌丛、竹林、针叶林、村落附近，性活泼，不太怕人，喜结群活动，食植物果实、种子和昆虫。

分布范围： 冬候鸟，在我市鄂托克前旗有记录，偶见。

白头鹎 | 摄影 吴佳正

形态特征： 雌雄相似。外型紧凑而墩圆，两翼短圆，尾圆而略凹，上体灰褐，飞羽有橄榄绿色的翼缘，嘴细小，腿细长，眉纹棕白色，贯眼纹暗褐色，颏、喉白色，其余下体乳白色，胸及两胁沾黄褐。

生活习性： 栖息于高山灌丛地带，尤其喜欢稀疏而开阔的阔叶林、针阔叶混交林和针叶林林缘以及溪流沿岸的疏林与灌丛，不喜欢茂密的大森林。

分布范围： 旅鸟，在我市北部地区有记录，少见。

褐柳莺 | 摄影 李俊海

褐柳莺
hè liǔ yīng

英文名称： Dusky Warbler

拉丁学名： Phylloscopus fuscatus

IUCN 红色名录等级： LC

体长： 12 厘米

褐柳莺 | 摄影 聂延秋

棕眉柳莺 | 摄影 李俊海

棕眉柳莺
zōng méi liǔ yīng

英文名称：Yellow-streaked Warbler
拉丁学名：Phylloscopus armandii

IUCN 红色名录等级：**LC**
体长：12厘米

形态特征： 雌雄相似。头顶、颈、背、腰和尾上覆羽为沾绿的橄榄褐色，眉纹棕白色，自眼先有一暗褐色贯眼纹伸至耳羽，颊与耳羽棕褐色。

生活习性： 主要栖息于林缘及河边灌丛地带，常单独或成对活动，有时也成松散的小群在灌木和树枝间跳跃觅食，主要以毛虫和蚱蜢等鞘翅目、鳞翅目、直翅目等昆虫和昆虫的幼虫为食。

分布范围： 旅鸟，在我市达拉特旗有记录，少见。

棕眉柳莺 | 摄影 李俊海

黄腰柳莺

huáng yāo liǔ yīng

英文名称： Pallas's Leaf Warbler
拉丁学名： Phylloscopus proregulus

IUCN 红色名录等级：LC
体长： 9 厘米

形态特征： 雌雄相似。体型似黄眉柳莺，但更小些，上体橄榄绿色，腰部有明显的黄带，翅上两条深黄色翼斑明显，腹面近白色。

生活习性： 主要栖息于林缘次生林、柳丛、道旁疏林灌丛中，食物主要为昆虫。

分布范围： 旅鸟，在我市伊金霍洛旗红海子湿地公园有记录，少见。

黄腰柳莺 | 摄影 聂延秋

黄眉柳莺

huáng méi liǔ yīng

英文名称: Yellow-browed Warbler
拉丁学名: Phylloscopus inornatus

IUCN 红色名录等级: LC
体长: 10 厘米

黄眉柳莺 | 摄影 聂延秋

黄眉柳莺 | 摄影 李俊海

形态特征: 雌雄相似。嘴细尖,头部色泽较深,在头顶的中央贯以一条若隐若现的黄绿色纵纹,背羽以橄榄绿色或褐色为主,下体白色,胸、胁、尾下覆羽均稍沾绿黄色,腋羽亦然,尾羽黑褐色。

生活习性: 栖息于高原、山地和平原地带的森林中,常在枝间不停地穿飞捕虫,有时飞离枝头扇翅,将昆虫哄赶起来,再追上去啄食。

分布范围: 旅鸟,在我市达拉特旗、准格尔旗有记录,少见。

极北柳莺 | 摄影 杨文致

形态特征： 雌雄相似。上体灰橄榄绿色，黄白色眉纹显著，大覆羽先端黄白色，形成一道翅上翼斑，下体白色沾黄，尾下覆羽浓密，两胁缀以灰色。

生活习性： 主要栖息于稀疏的阔叶林、针阔叶混交林及其林缘的灌丛地带，以昆虫为食。

分布范围： 旅鸟，在我市东胜区有记录，少见。

极北柳莺
jí bĕi liŭ yīng

英文名称： Arctic Warbler
拉丁学名： Phylloscopus borealis

IUCN 红色名录等级： LC
体长： 12 厘米

极北柳莺 | 摄影 聂延秋

暗绿柳莺 | 摄影 聂延秋

暗绿柳莺
àn lǜ liǔ yīng

英文名称： Greenish Warbler	**IUCN 红色名录等级：** LC
拉丁学名： Phylloscopus trochiloides	**体长：** 12 厘米

形态特征： 雌雄相似。虹膜褐色，上喙角质色，下喙偏粉色，上体绿色，长眉纹黄白色，顶冠纹偏灰色，过眼纹深色，耳羽具有暗色的细纹，通常仅具一道黄白色翼斑，尾无白色，下体白色。

生活习性： 栖息于林缘疏林、灌丛，尤其是在河谷和溪流沿岸的森林较为常见，性活跃，行动轻捷，整天不停地在树枝间跳来跳去、飞进飞出，在树枝间捕食飞行昆虫。

分布范围： 夏候鸟，在我市东胜区有记录，少见。

暗绿柳莺 | 摄影 李俊海

形态特征： 雌雄相似。虹膜褐色，喙黑色，头部全白色，背黑色，肩和腰葡萄红色，翼上具大块白斑，下体近白色，黑色尾羽长，脚铅黑色。

生活习性： 栖息于山地针叶林、针阔叶混交林中。

分布范围： 留鸟，不常见。我市在东胜和鄂前旗有记录。

北长尾山雀 | 摄影 聂延秋

北长尾山雀

bĕi cháng wĕi shān què

| 英文名称： | Long-tailed Tit | IUCN 红色名录等级： | LC |
| 拉丁学名： | Aegithalos caudatus | 体长： | 14 厘米 |

北长尾山雀 | 摄影 聂延秋

银喉长尾山雀
yín hóu cháng wěi shān què

英文名称： Silver-throated Bushtit	**IUCN 红色名录等级：** LC
拉丁学名： Aegithalos glaucogularis	**体长：** 14 厘米

形态特征： 雌雄相似。嘴细小，尾甚长，黑色而带白边，下体淡葡萄酒红色，喉部中央具银灰色斑，虹膜褐色或暗褐色，嘴黑色，脚铅黑色或棕黑色。

生活习性： 栖息于山地针叶、针阔叶混交林中，性活泼，结小群在树冠层及低矮树丛中找食昆虫、种子，夜宿时挤成一排。

分布范围： 留鸟，在我市大部分地区均有繁殖记录，常见。

银喉长尾山雀 | 摄影 吴佳正

银喉长尾山雀 | 摄影 吴佳正

白喉林莺

bái hóu lín yīng

英文名称： Lesser Whitethroat
拉丁学名： Sylvia curruca

IUCN 红色名录等级：LC
体长： 13 厘米

形态特征： 雌雄相似。头灰，上体沙灰褐色，喉白，下体近白，耳羽深黑灰，胸侧及两胁沾皮黄色，外侧尾羽羽缘白色，似沙白喉林莺但体羽色较深，脚色较深且嘴较大。

生活习性： 栖息环境较广，从山麓的农作区到森林林缘及仅有疏树生长的灌丛草坡，裸露多石山丘、荒漠沙丘中都能见到它的身影，以小型昆虫为食。

分布范围： 旅鸟，在我市东胜区、鄂托克前旗有记录，少见。

白喉林莺 ｜ 摄影　聂延秋

山鹛

shān méi

英文名称: Chinese Hill Babbler
拉丁学名: Rhopophilus pekinensis

IUCN 红色名录等级: LC
体长: 17 厘米

山鹛 | 摄影 吴佳正

形态特征: 雌雄相似。无近似鸟种，上体沙褐色，具深褐色纵纹，眉纹棕白色，过眼纹黑褐色，喉、胸部白色，胸侧和腹具栗色纵纹，虹膜暗褐色或黄褐色，嘴角褐色或灰褐色，脚灰褐色或棕褐色。

生活习性: 栖息于山地灌丛或低矮树木间，性活泼，不擅远距离飞翔，穿越茂密树枝间，以昆虫和食物种子为食。

分布范围: 留鸟，在我市大部分地区均有繁殖记录，常见。

山鹛 | 摄影 吴佳正

棕头鸦雀 | 摄影 李晓红

棕头鸦雀
zōng tóu yā què

英文名称：Vinous-throated Parrotbill
拉丁学名：Sinosuthora webbiana

IUCN 红色名录等级：**LC**
体长：12 厘米

形态特征： 雌雄相似。头顶至上背棕红色，上体余部橄榄褐色，翅红棕色，尾暗褐色，喉、胸粉红色，下体余部淡黄褐色。

生活习性： 主要栖息于林缘、灌丛地带，也栖息于疏林草坡、竹丛、矮树丛和高草丛中。

分布范围： 留鸟，在我市大部分地区有繁殖记录，常见。

棕头鸦雀 | 摄影 吴佳正

红胁绣眼鸟
hóng xié xiù yǎn niǎo

英文名称： Chestnut-flanked White-eye
拉丁学名： Zosterops erythropleurus

IUCN 红色名录等级：LC
体长： 12 厘米

红胁绣眼鸟 | 摄影 聂延秋

形态特征： 雌雄相似。头及上背体羽橄榄绿色，下体白色，虹膜红褐色，具明显白色眼圈，喙橄榄色，颏、喉黄色，两胁栗红色是识别要点，脚灰色。

生活习性： 繁殖季节栖息于高纬度低山、平原地带的阔叶林和次生林中，迁徙季节见于公园、苗圃、林地等多种生态环境。

分布范围： 夏候鸟，分布于我市大部分地区，不易见。

暗绿绣眼鸟 | 摄影 苏云翔

暗绿绣眼鸟

àn lù xiù yǎn niǎo

英文名称：Japanese White-eye

拉丁学名：Zosterops japonicus

IUCN 红色名录等级：LC

体长：10 厘米

暗绿绣眼鸟 | 摄影 吴佳正

形态特征：雌雄相似。上体绿色，眼周白色眼圈极为醒目，下体白色，颏、喉和尾下覆羽淡黄色。

生活习性：主要栖息于阔叶林和以阔叶树为主的针阔叶混交林、次生林等各种类型森林中，也栖息于果园、林缘、村寨和地边高大的树上。

分布范围：夏侯鸟，在我市伊金霍洛旗、东胜区有记录，少见。

山噪鹛 | 摄影 耿斌

山噪鹛
shān zào méi

英文名称： Plain Laughingthrush

拉丁学名： Garrulax davidi

IUCN 红色名录等级： LC

体长： 29 厘米

山噪鹛 | 摄影 刘嘉埔

形态特征： 雌雄相似。上体、下体灰砂褐色或暗灰褐色，无显著花纹，喙亮黄色稍向下曲，虹膜褐色，鼻孔完全被须羽掩盖。

生活习性： 栖息于疏林灌木丛中，鸣声多变、悦耳，性活泼，多以昆虫及植物种子为食。

分布范围： 留鸟，在我市大部分地区有繁殖记录，常见。

普通鸸 | 摄影 吴佳正

形态特征： 雌雄相似。虹膜深褐色，喙黑色，上体蓝灰色，具长而显著的黑色贯眼纹，颏、喉、胸白色，尾下腹羽白色具栗色羽缘，下体淡棕色或深棕色，两胁色深，脚深灰色。

生活习性： 栖息于中低海拔的阔叶林、针阔叶混交林区，常单独或集小群觅食于树干，喜在树干上倒挂取食，性喧闹，也与其他小型鸟类混群。

分布范围： 留鸟，不常见，我市东胜区有记录。

普通鸸
pǔ tōng shī

英文名称： Eurasian Nuthatch
拉丁学名： Sitta europaea

IUCN 红色名录等级： LC
体长： 13 厘米

普通鸸 | 摄影 聂延秋

黑头鸫 | 摄影 吴佳正

黑头鸫
hēi tóu shī

英文名称：Chinese Nuthatch	**IUCN 红色名录等级**：**LC**
拉丁学名：Sitta villosa	**体长**：11 厘米

黑头鸫 | 摄影 吴佳正

形态特征：雄鸟顶冠黑色，雌鸟新羽的顶冠灰色。具白色眉纹和细细的黑色过眼纹，上体余部淡紫灰色，喉及脸侧偏白，下体余部灰黄或黄褐色，脚灰色。

生活习性：在树干的缝隙及树洞中啄食树籽及坚果，常在树干上倒挂取食，飞行起伏呈波状，偶尔于地面取食，成对或结小群活动。

分布范围：旅鸟，冬候鸟，在我市东胜区有记录，少见。

红翅旋壁雀

hóng chì xuán bì què

英文名称： Wallcreeper
拉丁学名： Tichodroma muraria

IUCN 红色名录等级： LC
体长： 16 厘米

形态特征： 雌雄相似。尾短而嘴长，翼具醒目的绯红色斑纹，飞羽黑色，外侧尾羽羽端白色显著，初级飞羽两排白色点斑，飞行时呈带状，虹膜深褐色，嘴脚黑色。

生活习性： 栖息在悬崖和陡坡壁上，常在岩崖峭壁上攀爬，两翼轻展显露红色翼斑，冬季栖于较低海拔处。

分布范围： 旅鸟，在我市东胜区有记录，极少见。

红翅旋壁雀 | 摄影 耿斌

红翅旋壁雀 | 摄影 耿斌

鹪鹩 | 摄影 耿斌

鹪鹩
jiāo liáo

英文名称: Eurasian Wren

拉丁学名: Troglodytes troglodytes

IUCN 红色名录等级: LC

体长: 10 厘米

鹪鹩 | 摄影 耿斌

形态特征: 雌雄相似。喙长,细直,眉纹灰白色,体羽棕褐色,下体多黑褐色横纹,尾短小,常向上翘起,虹膜深褐色,喙黑色,脚褐色。

生活习性: 栖息于山地森林中阴暗潮湿处,性活泼而胆怯,喜单独活动。

分布范围: 旅鸟,在我市伊金霍洛旗有记录,少见。

褐河乌 | 摄影 吴佳正

形态特征：雌雄相似。全身体羽深褐色，尾较短，虹膜褐色，喙深褐色，脚铅灰色。幼鸟似成鸟，但体羽具斑纹。跗蹠长而强，前缘具靴状鳞，趾、爪均较强。

生活习性：栖息于山涧、河谷、溪流露出的岩石上，飞行时常沿溪流，贴近水面飞行，常常潜水捕食，以动物性食物为食，也吃一些植物叶子和种子。

分布范围：旅鸟，夏候鸟，在我市准格尔旗有记录，少见。

褐河乌
hè hé wū

英文名称： Brown Dipper
拉丁学名： Cinclus pallasii

IUCN 红色名录等级： LC
体长： 21 厘米

褐河乌 | 摄影 吴佳正

八哥 | 摄影 吴佳正

八哥	英文名称: Crested Myna	IUCN 红色名录等级: **LC**
bā gē	拉丁学名: Acridotheres cristatellus	体长: 26 厘米

形态特征: 雌雄相似。全身大体黑色，虹膜橘黄色，喙浅黄色，上嘴基部的羽簇明显凸起，尾羽末端白色，尾下覆羽有黑白相间的横纹，脚暗黄色。

生活习性: 栖息于低山丘陵、山脚平原的阔叶林林缘及村落附近，集群活动。

分布范围: 留鸟，冬候鸟，在我市多地均有记录，偶见。

八哥 | 摄影 吴佳正

灰椋鸟

huī liáng niǎo

英文名称： White-cheeked Starling
拉丁学名： Spodiopsar cineraceus

IUCN 红色名录等级： LC
体长： 24 厘米

形态特征： 雄鸟上体灰褐色，头部、颈部和上胸黑色，参杂白色纵纹，尾上覆羽白色，下体灰白色，两翼黑褐色，有白色翼斑，尾黑褐色，有白色端斑，嘴粗直，与头几乎等长。雌鸟近似雄鸟，头部、颈部和上胸均灰色。虹膜褐色，嘴橙红色，尖端黑色，跗跖和趾橙红色。

灰椋鸟 | 摄影 耿斌

灰椋鸟 | 摄影 耿斌

生活习性： 栖息于平原或山区的稀树地带，繁殖期成对活动，其他时间成群活动，主食昆虫。

分布范围： 夏候鸟，在我市大部分地区均有繁殖记录，常见。

灰椋鸟 | 摄影 吴佳正

北椋鸟
běi liáng niǎo

英文名称：Daurian Starling
拉丁学名：Agropsar sturninus

IUCN 红色名录等级：**LC**
体长：18 厘米

北椋鸟 | 摄影 聂延秋

形态特征： 雌雄相似。虹膜褐色，喙近黑色，脚绿色。雄鸟头灰白色，头顶具黑色斑，上体紫黑色具金属光泽，翅黑色，翅和肩部有白色带斑，下体灰白色，尾黑色，尾上覆羽棕白色。雌鸟色浅，顶部无黑色块斑，上体无紫色光泽。

生活习性： 多栖息于平原地区或海拔 500 — 800 米的田野，营巢于树洞和墙缝中，主要以昆虫为食，也吃少量植物果实与种子。

分布范围： 夏候鸟，在我市分布较广，不多见。

北椋鸟 | 摄影 聂延秋

紫翅椋鸟 | 摄影 李晓红

| 紫翅椋鸟
zǐ chì liáng niǎo | 英文名称：Common Starling
拉丁学名：Sturnus vulgaris | IUCN 红色名录等级：LC
体长：20 厘米 |

形态特征：雌雄相似。通体黑色，具有紫色、绿色光泽，上体有近白色点状斑，翼、尾羽不具金属光泽，且羽缘淡色，冬羽头部和下体也密布淡色斑点，腿及爪红色，虹膜暗褐色，嘴黄色，冬季脚红褐色。

紫翅椋鸟 | 摄影 吴佳正

生活习性：栖息于荒漠绿洲的树丛中，平时集小群活动，迁徙时集大群，主食鞘翅目昆虫，偶见取食植物果实和种子，落地觅食时很少停站，性机警活跃。

分布范围：夏候鸟，在我市大部分地区均有记录，

紫翅椋鸟 | 摄影 吴佳正

虎斑地鸫 | 摄影 何静波

虎斑地鸫
hǔ bān dì dōng

| 英文名称：White's Thrush | IUCN 红色名录等级：**LC** |
| 拉丁学名：Zoothera aurea | 体长：30 厘米 |

别名 | 麻串 |

形态特征：雌雄羽色相似。头顶至上体橄榄褐色，具金褐色和黑色的鳞状斑纹，下体白色而具黑色鳞状斑，脚肉色，虹膜黑褐色，喙角质褐色，下喙基部肉色。

生活习性：主要栖息于树林中，也在溪谷、河流两岸和地势低洼的密林中栖息，春秋迁徙季节也出入于林缘疏林、农田地边、村庄附近的树丛和灌木丛中活动及觅食。

分布范围：旅鸟，在我市东胜区有记录，少见。

虎斑地鸫 | 摄影 吴佳正

黑喉鸫

hēi hóu dōng

英文名称：Black-throated Thrush

拉丁学名：Turdus atrogularis

IUCN 红色名录等级：**LC**

体长：25 厘米

形态特征：雄鸟上体灰褐色，颈侧、喉、胸黑色，翼灰褐色，尾羽暗褐色，无棕色羽缘，腹部白色。雌鸟似雄鸟，羽色稍浅，喉部有黑色纵纹。

生活习性：栖息于丘陵疏林、平原灌丛，以昆虫、植物浆果、种子为食。

分布范围：冬候鸟，旅鸟，在我市东胜区、鄂托克前旗有记录，不常见。

黑喉鸫 | 摄影 吴佳正

黑喉鸫 | 摄影 吴佳正

♀

赤颈鸫 | 摄影 吴佳正

赤颈鸫
chì jǐng dōng

英文名称：Red-throated Thrush

拉丁学名：Turdus ruficollis

IUCN 红色名录等级：**LC**

体长：25 厘米

别名 | 青串　山草鸡 |

形态特征：雄鸟上体灰褐色，颈侧、喉及胸红褐色，翼灰褐色，中央尾羽灰色，外侧尾羽灰褐色，腹部白色。雌鸟似雄鸟，羽色稍浅，喉部有黑色纵纹。虹膜暗褐色，嘴黑褐色，下嘴基部黄色，脚黄褐色或暗褐色。

生活习性：栖息于丘陵疏林、平原灌丛中，成群活动，食昆虫、浆果、植物种子。

分布范围：留鸟，数量多，在我市大部分地区均有繁殖记录，常见。

赤颈鸫 | 摄影 吴佳正

红尾斑鸫

hóng wěi bān dōng

英文名称： Naumann's Thrush

拉丁学名： Turdus naumanni

IUCN 红色名录等级： LC

体长： 23 厘米

红尾斑鸫 | 摄影 吴佳正

形态特征： 雌雄相似。虹膜深褐色，喙黑色，下喙基部黄色，具棕色眉纹及髭纹，耳羽棕褐色，背部棕褐色，胸、胁具红色斑点，腰、尾羽、翅下覆羽红色，脚灰褐色。

生活习性： 通常和其他鹟类集群活动，穿行在农田旷野的草地上，食昆虫、植物果实、种子。

分布范围： 冬候鸟，旅鸟，分布广，不常见。

白眉鸫

bái méi dōng

英文名称： Eyebrowed Thrush

拉丁学名： Turdus obscurus

IUCN 红色名录等级： LC

体长： 23 厘米

形态特征： 虹膜褐色，喙基部黄色，喙端黑色。雄鸟头、颈灰褐色，白色眉纹显著，上体橄榄褐色，胸和两胁橙黄色，腹和尾下覆羽白色。雌鸟羽色稍浅，头和上体橄榄褐色，喉白色而不具褐色条纹，其余和雄鸟相似。脚偏黄至深肉棕色。

生活习性： 繁殖期栖息于海拔 1200 米以上的森林中，尤以河谷等水域附近茂密的混交林较常见，也见于草坡、果园和农田中。

分布范围： 冬候鸟，全市多地都有记录，偶见。

白眉鸫 | 摄影 吴佳正

斑鸫 | 摄影 吴佳正

斑鸫
bān dōng

| 英文名称: Dusky Thrush | IUCN 红色名录等级: LC |
| 拉丁学名: Turdus eunomus | 体长: 25 厘米 |

别名 | 红串

形态特征: 雌雄相似。羽色变化较大，上体从头至尾暗橄榄褐色杂有黑色，下体白色，喉及喉侧、颈侧、两肋、胸具黑色斑点，有时在胸部密集成横带，尾基部和外侧尾棕红，颏、喉、胸和两肋栗色，具白色羽缘。

生活习性: 栖息于森林和林缘灌丛地带，除繁殖期成对活动外，其他季节多成群，特别是迁徙季节，常集成数十只上百只的大群，主要以昆虫为食。

分布范围: 旅鸟，在我市东胜区有记录，少见。

斑鸫 | 摄影 吴佳正

蓝歌鸲
lán gē qú

英文名称：Siberian Blue Robin
拉丁学名：Larvivora cyane

IUCN 红色名录等级：LC
体长：13 厘米

形态特征： 雄鸟背羽及飞羽均呈蓝色，尾羽蓝色更鲜亮，胸、腹部几乎纯白，脸部呈黑斑，头、颈两侧为深蓝色。雌鸟背羽橄榄褐色，飞羽及尾羽均深褐，嘴深黑，脚和趾肉黄色。

生活习性： 栖息于灌木林及草丛，常在地面活动，营巢于林下树丛中，主要以昆虫为食。

分布范围： 旅鸟，在我市东胜区有记录，少见。

蓝歌鸲 | 摄影 聂延秋

蓝歌鸲 | 摄影 聂延秋

红喉歌鸲

hóng hóu gē qú

英文名称： Siberian Rubythroat
拉丁学名： Calliope calliope

IUCN 红色名录等级：LC
体长： 16 厘米

生活习性： 藏于森林密丛及次生植被，一般在近溪流处，跳跃，或在附近地面奔驰，多位于距水不远的地面上。

分布范围： 旅鸟，在我市东胜区有记录，少见。

红喉歌鸲｜摄影 耿斌

别名｜红点颏

形态特征： 雄鸟头部、上体主要为橄榄褐色，眉纹白色，颏部、喉部红色，周围有黑色狭纹，胸部灰色，腹部白色。雌鸟颏部、喉部不呈赤红色，而为白色，虹膜褐色，嘴暗褐色，脚角质色。

红喉歌鸲｜摄影 聂延秋

红喉歌鸲｜摄影 耿斌

蓝喉歌鸲 | 摄影 吴佳正

蓝喉歌鸲

lán hóu gē qú

英文名称：Bluethroat

拉丁学名：Luscinia svecica

IUCN 红色名录等级：**LC**

体长：14 厘米

别名▕ 蓝点颏 ▏

形态特征： 头部、上体主要为土褐色，眉纹白色，尾羽黑褐色，基部栗红色，颏部、喉部灰蓝色，下面有黑色横纹，下体白色。雌鸟酷似雄鸟，但颏部、喉部为棕白色。虹膜暗褐色，嘴黑色，脚肉褐色。

生活习性： 栖息于灌丛或芦苇丛中，性情隐怯，常在地下做短距离奔驰，稍停，不时地扭动尾羽或将尾羽展开。

分布范围： 旅鸟，在我市东胜区有记录，少见。

蓝喉歌鸲 | 摄影 聂延秋

红胁蓝尾鸲 | 摄影 吴佳立

# 红胁蓝尾鸲 hóng xié lán wěi qú	英文名称：Orange-flanked Bluetail 拉丁学名：Tarsiger cyanurus	IUCN 红色名录等级：**LC** 体长：14 厘米

形态特征： 雄鸟上体蓝色，眉纹白色。雌鸟额和眼先白色沾棕色，上体褐色，胸橄榄褐色。雌雄胁部均是橘黄色，蓝色的尾，白色的喉和腹。虹膜褐色或暗褐色，嘴黑色，脚淡红褐色或淡紫褐色。

生活习性： 栖息于林缘、疏林下的灌丛中，取食昆虫。

分布范围： 夏候鸟，旅鸟，数量少，在我市鄂托克前旗、东胜区有记录，少见。

红胁蓝尾鸲 | 摄影 吴佳立

♂

赭红尾鸲 | 摄影 吴佳立

赭红尾鸲
zhě hóng wěi qú

英文名称： Black Redstart
拉丁学名： Phoenicurus ochruros
IUCN 红色名录等级： LC
体长： 15 厘米

形态特征： 雄鸟头、喉、上胸、背、两翼及中央尾羽黑色，头顶、枕部灰白色，下胸、腹、腰、尾下覆羽、外侧尾羽棕红色。雌鸟似北红尾鸲雌鸟，只是无白色翼斑。虹膜暗褐色，嘴、脚黑色。

生活习性： 栖息于林缘、灌丛、公园，常高挺站立，点头摆尾，取食昆虫及植物种子。

分布范围： 夏候鸟，在我市大部分地区均有繁殖记录，常见。

♀

赭红尾鸲 | 摄影 吴佳立

北红尾鸲
běi hóng wěi qú

英文名称：Daurian Redstart

拉丁学名：Phoenicurus auroreus

IUCN 红色名录等级：**LC**

体长：15 厘米

北红尾鸲 | 摄影 吴佳正

北红尾鸲 | 摄影 郝彩霞

形态特征：雄鸟眼先、头侧、喉、上背及翼黑褐色，翼上有白斑，头顶、枕部暗灰色，身体余部红棕色，中央尾羽黑褐色。雌鸟除棕色尾羽和白色翼斑外，其余部分灰褐色。虹膜暗褐，嘴、脚黑色。

生活习性：栖息于山地、森林、灌丛地带，常立于低矮突出的枝条上，尾上下颤动，食昆虫及植物种子。

分布范围：夏候鸟，留鸟，数量多，在我市大部分地区均有繁殖记录，常见。

形态特征： 雄鸟似北红尾鸲，但体型较大，头顶及颈背灰白，尾羽栗色，翼上白斑甚大，黑色部位在冬季有烟灰色的缘饰。雌鸟似雌性欧亚红尾鸲，但体型较大，褐色的中央尾羽与棕色尾羽对比不强烈，翼上无白斑，具点斑羽衣的幼鸟已具明显的白色翼斑。

生活习性： 栖于高海拔处，性惧生而孤僻，炫耀时，雄鸟做高空翱翔，两翼颤抖以显示其醒目的白色翼斑。冬季雌鸟往较低海拔处迁移，但雄鸟仍留居高海拔，有时在雪中找食。

分布范围： 冬候鸟，在我市大部分地区均有记录，少见。

红腹红尾鸲 | 摄影 聂延秋

红腹红尾鸲
hóng fù hóng wěi qú

英文名称： White-winged Redstart

拉丁学名： Phoenicurus erythrogastrus

IUCN 红色名录等级： LC

体长： 18 厘米

红腹红尾鸲 | 摄影 吴佳正

白额燕尾

bái é yàn wěi

英文名称：White-crowned Forktail
拉丁学名：Enicurus leschenaulti

IUCN 红色名录等级：**LC**
体长：25 厘米

形态特征：雌雄相似。尾长，呈深叉状，通体黑白相杂，额和头顶前部白色，其余头、颈、背、颏、喉黑色。

生活习性：栖息于山涧、溪流与河谷沿岸，常单独或成对活动，性胆怯，平时多停息在水边或水中石头上，或在浅水中觅食，主要以水生昆虫和昆虫幼虫为食。

分布范围：冬候鸟，在我市鄂托克前旗首次发现，少见。

白额燕尾 | 摄影 吴佳正

形态特征：雄鸟头、背、翼、尾、喉黑色，颈侧及翼上具白斑，腰白色，胸棕色。雌鸟色泽较浅，上体棕色，具褐色纵纹，翼与尾黑褐色，翼上也有白斑，下体黄褐色。虹膜褐色或暗褐色，嘴、脚黑色。

生活习性：栖息于农田、沼泽，常站立在枝头、岩石或电线醒目处，不断快速扭动或舒展尾羽，雌鸟孵卵。

分布范围：夏候鸟，数量多，在我市大部分地区均有繁殖记录，常见。

黑喉石䳭 | 摄影 吴佳正

黑喉石䳭
hēi hóu shí jī

英文名称： Siberian Stonechat	**IUCN 红色名录等级：NR**
拉丁学名： Saxicola maurus	**体长：** 14 厘米

黑喉石䳭 | 摄影 吴佳正

沙鵙 | 摄影 吴佳正

沙鵙
shā jī

英文名称：Isabelline Wheatear
拉丁学名：Oenanthe isabellina

IUCN 红色名录等级：**LC**
体长：16 厘米

沙鵙 | 摄影 吴佳正

形态特征：雌雄相似。上体沙褐色，腰及尾上覆羽白色，中央尾羽黑色，基部白色，其余尾羽白色，末端黑色，下体污白色，染以浅褐色，虹膜褐色，嘴、脚黑色。

生活习性：栖息于干旱荒漠和沙质草地，单独或成对活动，食昆虫和草籽，多筑巢于鼠类废弃的洞穴中。

分布范围：夏候鸟，数量多，在我市大部分地区均有繁殖记录，常见。

穗䳭

suì jī

| 英文名称：Northern Wheatear | IUCN 红色名录等级：**LC** |
| 拉丁学名：Oenanthe oenanthe | 体长：15 厘米 |

穗䳭｜摄影 聂延秋

形态特征：雄鸟头顶至体背暗灰，额及眉纹白色，眼先及头侧黑色，翼黑色，腰、尾上覆羽白色，尾羽端部黑色形成"T"形图案，下体白色，胸沾淡黄色。雌鸟上体灰褐色，头侧无灰色，翼上颜色也较淡。虹膜黑棕色，嘴、脚黑色。

生活习性：栖息于开阔的荒漠、高原及多岩石草地，主要取食昆虫，兼食野果，营巢于岩缝或啮齿类洞穴中。

分布范围：夏候鸟，数量多，在我市大部分地区均有繁殖记录，常见。

穗䳭｜摄影 吴佳正

白顶鹏 | 摄影 吴佳正

白顶鹏
bái dǐng jī

英文名称： Pied Wheatear

拉丁学名： Oenanthe pleschanka

IUCN 红色名录等级： LC

体长： 15 厘米

形态特征： 雄鸟黑白二色，上体黑色，头顶、后颈、腰部和尾上覆羽白色，两翼黑色，尾羽前半部分白色，后半部分黑色，中央尾羽黑色部分最长，约占尾羽长的一半，下体白色，颏、喉部黑色。雌鸟头颈部、上体和两翼均为褐色，腰部、尾上覆羽和尾羽似雄鸟，下体淡棕色。虹膜暗褐色或红褐色，嘴、脚黑色。

生活习性： 栖息于干旱的多石块的荒漠、农田、村落中，主要食昆虫，筑巢于地面的天然洞穴或废弃的鼠洞中，雄鸟有强烈的护巢行为。

分布范围： 夏候鸟，在我市大部分地区均有繁殖记录，常见。

白顶鹏 | 摄影 吴佳正

形态特征： 雄鸟脸、侧颈及喉黑色，尾黑色，翼黑褐色，头顶、枕、后颈、上背及下体沙黄色。雌鸟脸侧黑褐色，但颏部及喉白色，翼较雄鸟色淡。虹膜褐色，嘴、脚黑色。

生活习性： 栖息于多石荒漠，常栖于低矮植被，性惧生，常飞到土崖后、岩石下藏身，主要取食昆虫，常在雨水冲刷的土沟壁上筑巢。

分布范围： 夏候鸟，数量多，在我市大部分地区均有繁殖记录，常见。

漠鹏 | 摄影 聂延秋

漠鹏
mò jī

英文名称：Desert Wheatear
拉丁学名：Oenanthe deserti

IUCN 红色名录等级：LC
体长：14 厘米

漠鹏 | 摄影 吴佳正

白背矶鸫

bái bèi jī dōng

英文名称： Common Rock Thrush
拉丁学名： Monticola saxatilis

IUCN 红色名录等级： LC
体长： 19 厘米

白背矶鸫 | 摄影 聂延秋

形态特征： 雄鸟头部蓝色，下体栗色，背部中央白色。雌鸟上体灰褐色，下体皮黄色，满布鳞状黑斑。

生活习性： 单独或成对活动，常栖于突出岩石或裸露树顶，有时与其他鸟混群。雄鸟炫耀时尾羽展开振翅飞行，下落时两下翼及尾展开轻滑而下。

分布范围： 旅鸟，在我市伊金霍洛旗红海子湿地公园首次记录，少见。

白背矶鸫 | 摄影 聂延秋

灰纹鹟

huī wén wēng

英文名称： Grey-streaked Flycatcher

拉丁学名： Muscicapa griseisticta

IUCN 红色名录等级： LC

体长： 14 厘米

形态特征： 雌雄相似。虹膜黑色，喙黑色，头和上体灰褐色，眼圈白，具狭窄的白色翼斑，下体白，胸及两肋满布深灰色纵纹，脚黑色，翼长至尾端。

生活习性： 栖息于山地针阔叶混交林、针叶林、次生林。

分布范围： 夏候鸟，在我市达拉特旗有记录，少见。

灰纹鹟 | 摄影 聂延秋

乌鹟
wū wēng

英文名称： Dark-sided Flycatcher

拉丁学名： Muscicapa sibirica

IUCN 红色名录等级：LC

体长： 13 厘米

形态特征： 雌雄相似。上体深灰，翼上具不明显皮黄色斑纹，下体白色，两胁深色，具烟灰色杂斑，上胸具灰褐色模糊带斑，白色眼圈明显，喉白，通常具白色的半颈环，下脸颊具黑色细纹，翼长至尾的 2/3。

生活习性： 栖于山区或山麓森林的林下植被层及林间，紧立于裸露低枝，冲出捕捉过往昆虫。

分布范围： 旅鸟，在我市东胜区有记录，少见。

乌鹟 ┃ 摄影 聂延秋

北灰鹟 | 摄影 聂延秋

北灰鹟
běi huī wēng

英文名称： Asian Brown Flycatcher
拉丁学名： Muscicapa dauurical

IUCN 红色名录等级： LC
体长： 13 厘米

形态特征： 雌雄相似。虹膜褐色，喙黑色，下喙基黄色，眼周和眼先白色，上体灰褐色，翅暗褐色，胸和两胁淡灰褐色，下体灰白色，尾暗褐色，脚黑色。

生活习性： 栖息于落叶阔叶林、针阔叶混交林和针叶林，喜欢停在视野开阔的枝头，从栖处捕食昆虫，捕食后常落回原处，尾做独特的颤抖。

分布范围： 旅鸟，在我市东胜区有记录，不常见。

红喉姬鹟 | 摄影 耿斌

红喉姬鹟

hóng hóu jī wēng

英文名称: Taiga Flycatcher	**IUCN 红色名录等级**: **LC**
拉丁学名: Ficedula albicilla	**体长**: 13 厘米

红喉姬鹟 | 摄影 吴佳立

别名 | 黄点颏

形态特征：雄鸟上体灰黄褐色，眼先、眼周白色，尾上覆羽和中央尾羽黑褐色，外侧尾羽褐色，基部白色，繁殖期颏、喉橙红色，胸淡灰色，其余下体白色，非繁殖期颏、喉变为白色，雌鸟颏、喉白色，胸沾棕，其余同雄鸟。

生活习性：栖于林缘及河流两岸的较小树上，有险情时冲至隐蔽处，尾展开显露基部的白色。

分布范围：旅鸟，在我市大部分地区均有记录，少见。

戴菊
dài jú

英文名称： Goldcrest
拉丁学名： Regulus regulus

IUCN 红色名录等级： LC
体长： 9 厘米

形态特征： 雌雄相似。上体橄榄绿色，头顶中央柠檬黄色或橙黄色羽冠，两侧有明显的黑色侧冠纹，眼周灰白色，腰和尾上覆羽黄绿色，两翅和尾黑褐色，尾外翈羽缘橄榄黄绿色，初级和次级飞羽羽缘淡黄绿色，三级飞羽尖端白色，翅上具两道淡黄白色翅斑，下体白色，羽端沾黄色，两胁沾橄榄灰色。

生活习性： 通常独栖于针叶林的林冠下层，主要以各种昆虫为食，冬季也吃少量植物种子。

分布范围： 冬候鸟，留鸟，在我市东胜区、鄂托克前旗有记录，少见。

戴菊 | 摄影 吴佳正

戴菊 | 摄影 吴佳立

太平鸟 | 摄影 吴佳正

太平鸟
tài píng niǎo

英文名称：Bohemian Waxwing	IUCN 红色名录等级：**LC**
拉丁学名：Bombycilla garrulus	体长：18 厘米

别名 | 十二黄 |

形态特征： 雌雄相似，大体灰褐色，头、后颈、颊部红褐色，有长冠羽和黑色贯眼纹，尾羽有黄色端斑和黑色次端斑，两翼棕褐色，颏、喉部黑色，尾下覆羽红色，虹膜暗红色，嘴褐色，基部蓝灰色，跗跖黑色。

生活习性： 栖息于针叶林或针阔叶混交林，集大群迁徙，繁殖期食昆虫，秋后取食于植物的果实和种子。

分布范围： 冬候鸟，旅鸟，在我市大部分地区均有记录，常见。

太平鸟 | 摄影 吴佳正

别名┃十二红┃

形态特征：雌雄相似。大体灰褐色，头、后颈、颊部浅红褐色，黑色贯眼纹延伸至冠羽平齐，背部褐色，尾羽灰褐色，具红色端斑和窄细的黑色次端斑，尾下覆羽红色，虹膜暗红色，嘴、脚黑色。

生活习性：栖息于针叶或针阔叶混交林，城市沙枣、桧柏树上多见，以植物果实和种子为食，繁殖情况不明。

分布范围：冬候鸟，在我市大部分地区均有记录，数量少，较少见。

小太平鸟┃摄影 吴佳正

小太平鸟
xiǎo tài píng niǎo

英文名称：Japanese Waxwing
拉丁学名：Bombycilla japonica

IUCN 红色名录等级：NT
体长：16 厘米

小太平鸟┃摄影 吴佳正

鸲岩鹨 | 摄影 吴佳正

鸲岩鹨
qú yán liù

英文名称： Robin Accentor

拉丁学名： Prunella rubeculoides

IUCN 红色名录等级： LC

体长： 16 厘米

形态特征： 雌雄相似。虹膜红褐色，喙近黑色，头、颈、喉灰褐色，背、肩、腰棕褐色，具黑色纵纹，两翅褐色具白色翅斑，胸红棕色，其余下体白色，脚暗红褐色。

生活习性： 栖息于高山灌丛、草甸、草坡、河滩、牧场等高寒山地生境。

分布范围： 留鸟，我市鄂托克旗和鄂托克前旗有记录。少见。

鸲岩鹨 | 摄影 吴佳正

形态特征： 雌雄相似。体背褐色，具深褐色纵纹，头顶及头侧近黑色，宽大的眉纹及喉淡棕黄色，腹部黄褐色，两肋具褐色斑点，胸中部黑色羽基外露，呈鳞状斑，虹膜黑褐或栗褐色，嘴黑褐色，下嘴基部黄褐色，脚淡黄褐色。

生活习性： 栖息于平原至高山地带，多在灌丛中活动，以植物种子和昆虫为食。

分布范围： 冬候鸟，在我市大部分地区均有记录，常见。

棕眉山岩鹨 | 摄影 吴佳正

棕眉山岩鹨
zōng méi shān yán liù

| 英文名称： Siberian Accentor | IUCN 红色名录等级： **LC** |
| 拉丁学名： Prunella montanella | 体长： 15 厘米 |

棕眉山岩鹨 | 摄影 吴佳立

贺兰山岩鹨
hè lán shān yán liù

| 英文名称：Mongolian Accentor | IUCN 红色名录等级：LC |
| 拉丁学名：Prunella koslowi | 体长：15 厘米 |

形态特征：雌雄相似。上体皮黄褐色，具模糊的深色纵纹，喉灰，下体皮黄，尾及两翼褐色，边缘皮黄色，覆羽羽端白色。

生活习性：偶见于干旱山区及半荒漠的开阔灌丛。

分布范围：旅鸟，在我市乌审旗有记录，少见。

贺兰山岩鹨｜摄影 聂延秋

家麻雀 | 摄影 吴佳正

家麻雀 jiā má què	英文名称：House Sparrow	IUCN 红色名录等级：**LC**
	拉丁学名：Passer domesticus	体长：15 厘米

形态特征： 背栗红色具黑色纵纹，两侧具皮黄色纵纹，颏、喉和上胸黑色，脸颊白色，其余下体白色，翅上具白色带斑。雄鸟与树麻雀的区别在于顶冠及尾上覆羽灰色，耳无黑色斑块，且喉及上胸的黑色较多。雌鸟色淡，具浅色眉纹。

生活习性： 主要栖息在人类居住环境，也见于沼泽和农田，以植物种子及昆虫为食。

分布范围： 旅鸟，在我市乌审旗有记录，少见。

家麻雀 | 摄影 吴佳正

黑胸麻雀 | 摄影 吴佳立

黑胸麻雀
hēi xiōng má què

| 英文名称：Spanish Sparrow | IUCN 红色名录等级：**LC** |
| 拉丁学名：Passer hispaniolensis | 体长：15 厘米 |

形态特征： 成年雄鸟头顶及颈背栗色，脸颊白，上背及两肋密布黑色纵纹，颏及上胸黑色。雌鸟较为单色，似家麻雀雌鸟，但嘴较大且眉纹较长，嘴厚，上背两侧色浅，胸及两肋具浅色纵纹。

生活习性： 栖于旷野及有树的田地，在城镇栖于家麻雀不出现的地方。

分布范围： 在我市鄂托克前旗首次记录到，极少见。

黑胸麻雀 | 摄影 吴佳正

麻雀
má què

英文名称： Eurasian Tree Sparrow
拉丁学名： Passer montanus
IUCN 红色名录等级： LC
体长： 14 厘米

麻雀 | 摄影 吴佳正

别名 | 老家子 |

形态特征： 雌雄相似。头顶及上体栗褐色，具黑色纵纹，颈部有白色领环，翼和尾黑褐色，有淡黄色羽缘，翅上有两道明显白斑，颏、喉部黑色，颊部污白色，虹膜暗褐或暗褐红色，嘴黑色，跗跖污黄色。

生活习性： 栖息于居民点附近的田野，食性杂，以昆虫、植物种子等为食。

分布范围： 留鸟，在我市大部分地区均有繁殖记录，数量多，常见。

麻雀 | 摄影 郝彩霞

石雀

shí què

英文名称： Rock Sparrow

拉丁学名： Petronia petronia

IUCN 红色名录等级： LC

体长： 14 厘米

石雀 ｜ 摄影 吴佳正

石雀 ｜ 摄影 聂延秋

形态特征： 雌雄相似。背部羽毛亦具条纹，嘴短强，呈圆锥状，翅较长，直达尾端，尾较短，体色亦较浅淡，喉下具一黑色点斑，紧接一弧形的黄色带斑。

生活习性： 在地面或植物上取食，食物主要是草和草籽，也吃谷物、水果、浆果和昆虫。

分布范围： 旅鸟，我市准格尔旗有记录，极少见。

山鹡鸰 | 摄影 吴佳正

山鹡鸰
shān jí líng

英文名称：Forest Wagtail

拉丁学名：Dendronanthus indicus

IUCN 红色名录等级：LC

体长：17 厘米

形态特征： 雌雄相似。上体灰褐色，眉纹白，两翼具黑白色的粗斑纹，下体白色，胸上具两道黑色的横斑纹，较下的一道横纹有时不完整，虹膜灰色，喙角质褐色，下喙色较淡，脚偏粉色。

生活习性： 单独或成对在开阔森林下面穿行，尾轻轻往两侧摆动，受惊时做波状低飞，仅飞几米就停下，也常栖于树上。

分布范围： 旅鸟，我市准格尔旗有记录，极少见。

山鹡鸰 | 摄影 吴佳正

黄鹡鸰 | 摄影 吴佳正

黄鹡鸰

huáng jí líng

英文名称： Eastern Yellow Wagtail
拉丁学名： Motacilla tschutschensis

IUCN 红色名录等级： LC
体长： 17 厘米

形态特征： 雌雄相似。上体灰橄榄绿色，头顶灰色、蓝黑色或橄榄色，眉纹黄色、白色或不明显，下体亮黄色，胁部及腹侧沾橄榄绿色，两翼黑褐色，有两条黄白色翅斑，尾翼黑褐色，最外侧两对尾翼大多白色，虹膜褐色，嘴、跗跖黑色。

生活习性： 栖息于河谷、林缘、池畔及居民点附近，栖息时尾羽不断地上下摆动，可在地面上快速奔跑，飞行时呈波浪状，主要以昆虫为食。

分布范围： 夏候鸟，在我市大部分地区均有繁殖记录，常见。

黄鹡鸰 | 摄影 吴佳正

黄头鹡鸰

huáng tóu jí líng

英文名称：Citrine Wagtail
拉丁学名：Motacilla citreola

IUCN 红色名录等级：**LC**
体长：18 厘米

黄头鹡鸰 | 摄影 吴佳正

形态特征： 身体修长，褐色或橄榄色，虹膜暗褐色或黑褐色，嘴黑色，跗跖乌黑色。雄鸟整个头部及下体均为亮黄色，上背及两肩黑色，翅上具有两道宽阔的翅斑，尾羽黑褐色，最外侧两对尾羽白色。雌鸟似雄鸟，但头顶及颊部灰色，下体颜色也较雄鸟淡。

生活习性： 栖息于靠近河流、湖泊、水田等地方，主要以昆虫为食。

分布范围： 夏候鸟，在我市大部分地区均有繁殖记录，常见。

黄头鹡鸰 | 摄影 吴佳正

灰鹡鸰

huī jí líng

英文名称： Grey Wagtail	**IUCN 红色名录等级：** LC
拉丁学名： Motacilla cinerea	**体长：** 19 厘米

形态特征： 雌雄相似。与黄鹡鸰的区别在于上背灰色，飞行时白色翼斑和黄色的腰显现，且尾较长，体型较纤细，喙较细长。

生活习性： 经常成对活动或结小群活动，以昆虫为食，觅食时地上行走，或在空中捕食昆虫，筑巢于屋顶、洞穴、石缝等处，巢由草茎、细根、树皮和枯叶构成，巢呈杯状。

分布范围： 夏候鸟，在我市大部分地区均有繁殖记录，常见。

灰鹡鸰 | 摄影 吴佳正

灰鹡鸰 | 摄影 吴佳正

白鹡鸰 | 摄影 吴佳正

白鹡鸰
bái jí líng

英文名称：White Wagtail	IUCN 红色名录等级：**LC**
拉丁学名：Motacilla alba	体长：18 厘米

白鹡鸰 | 摄影 吴佳正

形态特征： 雌雄相似。黑白两色，额、头顶前部、头侧、颈侧白色，头后侧、背、肩部及腰部黑色，贯眼纹黑色或无色，尾羽黑色，最外侧两对为白色，胸部具黑色横斑，下体余部白色，虹膜黑褐色，嘴、跗跖黑色。

生活习性： 栖息于河、溪、湖泊、水渠附近，多成对或三五成群在地上奔走觅食，或在空中捕食昆虫，停息时尾羽不停地上下摆动，飞行时呈波浪状。

分布范围： 夏候鸟，在我市大部分地区均有繁殖记录，常见。

田鹨
tián liù

英文名称： Richard's Pipit
拉丁学名： Anthus richardi

IUCN 红色名录等级： LC
体长： 19 厘米

形态特征： 雌雄相似。上体多为黄褐色或棕黄色，头顶和背具暗褐色纵纹，眼先和眉纹皮黄白色，下体白色或皮黄白色，喉两侧有一暗褐色纵纹，胸具暗褐色纵纹，尾黑褐色，最外侧一对尾羽白色。

生活习性： 喜欢在针叶、阔叶、杂木等种类树林或附近的草地栖息，也好集群活动，见于农田及短草地，于地面急速奔跑，进食时尾摇动。

分布范围： 夏候鸟，我市各地都有记录。

田鹨 | 摄影 聂延秋

布氏鹨 | 摄影 吴佳正

布氏鹨
bù shì liù

英文名称：Blyth's Pipit	IUCN 红色名录等级：**LC**
拉丁学名：Anthus godlewskii	体长：18 厘米

形态特征： 雌雄相似。尾、腿及后爪较短，嘴较短而尖利，上体纵纹多，下体常为单一的皮黄色，中覆羽羽端较宽，形成较清晰的翼斑，与田鹨叫声不同，虹膜暗褐色，嘴暗褐色，嘴基和下嘴色淡，跗跖和趾淡褐色，爪角褐色。

生活习性： 栖息于旷野、河、湖、岸边及干旱平原，主要以昆虫为食。

分布范围： 冬候鸟，旅鸟，在我市伊金霍洛旗有记录，常见。

布氏鹨 | 摄影 吴佳正

树鹨 | 摄影 聂延秋

树鹨
shù liù

英文名称： Olive-backed Pipit	**IUCN 红色名录等级：** LC
拉丁学名： Anthus hodgsoni	**体长：** 15 厘米

形态特征： 雌雄相似。上体橄榄绿色，纵纹较少，头顶具细密的黑褐色羽干纹，白色眉纹显著，耳后有白斑，颊部白色，喉部皮黄色，黑色髭纹明显。胸部及两胁皮黄色，有暗褐色纵纹，腹部白色，虹膜红褐色，上嘴黑色，下嘴肉黄色，跗跖、趾肉色或褐色。

生活习性： 栖息于森林灌丛中及其附近的草地、田野，尤其麦田，常在地上奔走觅食，飞行时呈波浪状，站立时尾羽上下摆动，主要以昆虫为食。

分布范围： 旅鸟，我市达拉特旗有记录，少见。

粉红胸鹨

fěn hóng xiōng liù

英文名称: Rosy Pipit
拉丁学名: Anthus roseatus

IUCN 红色名录等级: LC
体长: 15 厘米

形态特征: 雌雄相似。虹膜黑色,喙灰色,眉纹白色,繁殖期眉纹粉红色,喉、胸淡粉色,头顶、背具黑褐色纵纹,上体橄榄灰色或灰褐色,腰和尾上覆羽纯色,下体皮黄白色或乳白色,两胁具黑褐色纵纹,尾羽暗褐色,脚偏粉色。

生活习性: 主要栖息于山地、林缘、灌丛、草原、河谷地带,多成对或十几只小群活动,性活跃,不停地在地上或灌丛中觅食。

分布范围: 旅鸟,夏候鸟,在我市伊金霍洛旗有记录,少见。

粉红胸鹨 | 摄影 聂延秋

红喉鹨 | 摄影 吴佳正

红喉鹨

hóng hóu liù

英文名称： Red-throated Pipit	**IUCN 红色名录等级：** LC
拉丁学名： Anthus cervinus	**体长：** 15 厘米

形态特征： 雌雄相似。虹膜黑色，喙角质色，基部黄色，繁殖期颏、喉、胸粉红色，上体橄榄灰褐色，具浓重的黑褐色纵纹，下体黄褐色，下胸和两肋具黑褐色纵纹，脚肉色。

生活习性： 栖息于水域及附近的草地、林地、农田，多成对活动。

分布范围： 旅鸟，冬候鸟，在我市鄂托克前旗、东胜区有记录，不常见。

水鹨

shuǐ liù

英文名称： Water Pipit

拉丁学名： Anthus spinoletta

IUCN 红色名录等级： LC

体长： 15 厘米

形态特征： 雌雄相似。是体羽偏灰色而具纵纹的鹨，上体橄榄绿色，具褐色纵纹，尤以头部较明显，眉纹乳白色或棕黄色，耳后有一白斑，下体灰白色，胸具黑褐色纵纹，停栖时，尾常上下摆动，外侧尾羽具白，腿细长，后趾具长爪，适于在地面行走。

生活习性： 主要栖息于山地、林缘、灌木丛、草原、河谷地带。

分布范围： 夏候鸟，在我市大部分地区均有繁殖记录，常见。

水鹨 | 摄影 吴佳正

水鹨 | 摄影 吴佳正

苍头燕雀 | 摄影 吴佳正

苍头燕雀
cāng tóu yàn què

英文名称： Common Chaffinch	**IUCN 红色名录等级：** LC
拉丁学名： Fringilla coelebs	**体长：** 16 厘米

别名 ┃ 金边虎皮 ┃

形态特征： 雄鸟顶冠、颈、背橄榄灰色，眼先、眉纹、颏、喉及胸粉红色，具醒目的白色肩斑及翼斑。雌鸟色暗且无粉红色。虹膜褐色，嘴肉褐、灰褐或角褐色，脚肉褐色、褐色。

生活习性： 栖息于落叶林、混交林及次生灌丛，常与其他雀类混群，常于地面取食。

分布范围： 冬候鸟，在我市东胜区、准格尔旗有记录，较少见。

苍头燕雀 | 摄影 吴佳正

燕雀 | 摄影 吴佳正

燕雀
yàn què

英文名称： Brambling

拉丁学名： Fringilla montifringilla

IUCN 红色名录等级： LC

体长： 16 厘米

别名 ┃ 虎皮 ┃

形态特征： 雄鸟夏羽头至上背黑色，带有金属光泽，下背、腰及尾上覆羽白色，翼、尾黑色，肩羽、小覆羽黄褐色，中覆羽白色，喉、胸、胁部橙褐色，体侧带有黑点，腹以下白色，尾呈凹形分叉。雌鸟似雄鸟，但羽色不如雄鸟。虹膜褐色或暗褐色，嘴基角黄色，嘴尖黑色，脚暗褐色。

生活习性： 在平原、山地都有活动，栖息于针阔叶混交林，迁徙时在农田、树林、荒山成群活动，叫声尖锐，单调且频繁重复。

分布范围： 冬侯鸟，在我市大部分地区均有记录，常见。

燕雀 | 摄影 吴佳正

锡嘴雀 | 摄影 吴佳正

锡嘴雀
xī zuǐ què

| 英文名称：Hawfinch | IUCN 红色名录等级：**LC** |
| 拉丁学名：Coccothraustes coccothraustes | 体长：17 厘米 |

形态特征： 雄鸟的眼先、嘴基、颏、喉的中央黑色，头由前至后渐浓，呈淡棕色，领环灰白色，肩、背茶褐色，腰淡黄色，尾棕褐色，尾端白色，下体淡黄色，腹中央、尾下覆羽白色，翅黑栗色，有白斑。雌鸟色比雄鸟淡。虹膜红褐色或褐色，嘴粗大而坚厚，铅灰蓝色，下嘴基部近白色，脚肉色，爪黄褐色。

生活习性： 栖息于平原或低山阔叶林中，成群活动，飞行时呈波形，两翅扇动快速，鸣叫声多变，鸣声持续时间长，喜食松、柏、桧的种子及浆果等。

分布范围： 留鸟，在我市大部分地区均有记录，常见。

锡嘴雀 | 摄影 吴佳正

黑尾蜡嘴雀

hēi wěi là zuǐ què

英文名称：Chinese Grosbeak

拉丁学名：Eophona migratoria

IUCN 红色名录等级：LC

体长：17 厘米

黑尾腊嘴雀 | 摄影 吴佳正

形态特征： 雄鸟头、翼和尾黑色，飞翔时翼下缘白色，胁部棕褐色，身体余部灰褐色。雌鸟头部无黑色，余部似雄鸟。虹膜淡红褐色，嘴橙黄色，尖端黑色。

生活习性： 栖息于平原、丘陵、山区的阔叶林和灌丛中，繁殖期喜集小群活动，主食植物性食物，也食昆虫。

分布范围： 冬候鸟，在我市大部分地区均有记录，少见。

黑尾腊嘴雀 | 摄影 吴佳正

黑头蜡嘴雀 | 摄影 聂延秋

黑头蜡嘴雀

hēi tóu là zuǐ què

| 英文名称：Japanese Grosbeak | IUCN 红色名录等级：**LC** |
| 拉丁学名：Eophona personata | 体长：20 厘米 |

形态特征：雌雄相似。虹膜深褐色，喙黄色粗大，喙端无黑色，身体整体色调为蓝灰色，头部黑色范围仅至眼后，飞羽中间有白斑，脚粉褐色。

生活习性：似黑尾蜡嘴雀，但更喜欢低地。

分布范围：旅鸟，我市大部分地区有记录。

黑头蜡嘴雀 | 摄影 聂延秋

红腹灰雀

hóng fù huī què

英文名称：Eurasian Bullfinch	IUCN 红色名录等级：**LC**
拉丁学名：Pyrrhula pyrrhula	体长：16 厘米

红腹灰雀 | 摄影 李俊海

形态特征：嘴厚而略带钩，腰白，顶冠及眼罩灰黑。雄鸟上背灰色，臀部及下体灰色且具不同量的粉色，醒目的近白色翼斑与黑色的翼成对比。雌鸟似雄鸟，但粉色部位被暖褐色取代。

生活习性：多栖息于山区的针阔叶混交林和平原的杂木林中。

分布范围：旅鸟，在我市东胜区有记录，极少见。

红腹灰雀 | 摄影 郝彩霞

蒙古沙雀

mǒng gǔ shā què

英文名称： Mongolian Finch	**IUCN 红色名录等级：** LC
拉丁学名： Bucanetes mongolicus	**体长：** 14 厘米

蒙古沙雀 ┃ 摄影 吴佳正

形态特征： 雌雄相似。嘴短粗，上嘴稍弯曲，头、颈、上体灰褐色，腰及尾上覆羽灰色，沾粉红色，尾羽黑褐色具白色羽缘，翅黑褐色，沾粉红色，下体暗粉红色，虹膜暗褐或茶褐色，嘴黄褐色或肉黄色，脚黄褐色或肉色。

蒙古沙雀 ┃ 摄影 聂延秋

生活习性： 栖息于荒漠半荒漠环境，冬季成群活动，主食植物种子。

分布范围： 留鸟，在我市大部分地区均有繁殖记录，常见。

蒙古沙雀 ┃ 摄影 吴佳正

巨嘴沙雀 | 摄影 吴佳立

巨嘴沙雀
j ù z u ǐ s h ā q u è

英文名称： Desert Finch

拉丁学名： Rhodospiza obsoleta

IUCN 红色名录等级： LC

体长： 15 厘米

形态特征： 嘴黑色且粗厚，呈圆锥状，眼先黑色，头、颈上体浅沙色，翼和尾上有粉、黑、白色花纹，飞行时更为显眼，虹膜暗褐色，雄性嘴黑色，雌性嘴暗褐色，脚暗褐色、灰黑色。

生活习性： 栖息于草原和半沙漠地带，多成对或小群活动，在灌丛或矮树上筑巢，主食植物种子。

分布范围： 留鸟，在我市大部分地区均有繁殖记录，常见。

巨嘴沙雀 | 摄影 吴佳立

普通朱雀 | 摄影 吴佳正

普通朱雀
pǔ tōng zhū què

| **英文名称:** Common Rosefinch | **IUCN 红色名录等级:** LC |
| **拉丁学名:** Carpodacus erythrinus | **体长:** 14 厘米 |

形态特征: 额至枕部、颏至上胸为亮洋红色，耳羽褐色沾红，腰暗红色，上体余部及翼、尾褐色，下体胸以下白色，虹膜暗褐色，嘴角褐色，下嘴较淡，脚褐色。

雌鸟上体橄榄褐色，具暗色纵纹，下体白色稍沾黄，喉、胸及两胁具暗色纵纹。

生活习性: 喜林间空地、灌丛，多在溪流和有水区域活动。

分布范围: 分布范围较广，我市大部分地区有记录，常见。

普通朱雀 | 摄影 吴佳正

红眉朱雀

hóng méi zhū què

英文名称：Himalayan Beautiful Rosefinch
拉丁学名：Carpodacus pulcherrimus

IUCN 红色名录等级：LC
体长：15 厘米

红眉朱雀 | 摄影 吴佳正

形态特征： 上体褐色斑驳，眉纹、脸颊、胸及腰淡紫粉，臀近白。雌鸟无粉色，但具明显的皮黄色眉纹。雄雌两性似体型较小的曙红朱雀，但嘴粗厚且尾的比例较长。

生活习性： 主要栖息于山区，但冬季下降至山麓与河谷处以及喜栖于山地针阔叶混交林和长有稀疏植物的干石滩处。

分布范围： 旅鸟，在我市东胜区有记录，少见。

红眉朱雀 | 摄影 吴佳正

长尾雀

cháng wěi què

英文名称: Long-tailed Rosefinch
拉丁学名: Carpodacus sibiricus

IUCN 红色名录等级: LC
体长: 17 厘米

♂

长尾雀 | 摄影 吴佳正

♀

长尾雀 | 摄影 吴佳正

形态特征: 繁殖期雄鸟脸、腰及胸粉红，额及颈背苍白，两翼多具白色，上背褐色，具近黑色且边缘粉红的纵纹，繁殖期外色彩较淡。雌鸟具灰色纵纹，腰及胸棕色，嘴粗厚，外侧尾羽白，眉纹浅白色，腰粉红。

生活习性: 生活在平原和丘陵，多见于沿溪小柳丛、蒿草丛和次生林，也出没于公园和苗圃中，多以植物种子为食。

分布范围: 旅鸟，在我市东胜区有记录，少见。

形态特征： 尾略长，雄鸟头、下背及下体绯红，头顶色浅，额及颏霜白，胸绯红，腹部粉色，具两道浅色翼斑。雌鸟色暗，上体具褐色纵纹，额及腰粉色，下体皮黄色具纵纹，胸沾粉色，臀白。虹膜褐色，嘴近灰，脚褐色。

生活习性： 栖息于丘陵地带的杂木林和平原的榆林、柳林中，多以家族群迁徙，不甚畏人，取食杂草种子、浆果和叶。

分布范围： 冬候鸟，在我市大部分地区均有记录，常见。

北朱雀 ｜ 摄影 吴佳正

北朱雀
běi zhū què

英文名称： Pallas's Rosefinch
拉丁学名： Carpodacus roseus

IUCN 红色名录等级： LC
体长： 16 厘米

北朱雀 ｜ 摄影 吴佳正

金翅雀

jīn chì què

英文名称： Grey-capped Greenfinch

拉丁学名： Chloris sinica

IUCN 红色名录等级： LC

体长： 14 厘米

形态特征： 雄鸟头部灰褐，耳羽沾黄，背部及翼覆羽暗褐色，腰黄色，翼和尾基部有金黄色块斑，喉至上胸黄褐色，腹及两胁棕黄色，尾下覆羽黄色。雌鸟体色较暗，黄色翼斑也较小。虹膜栗褐色，嘴黄褐色或肉黄色，脚淡棕黄色或淡灰红色。

生活习性： 栖息于平原至山地、灌丛、人工林、公园和村旁的树林，取食杂草和树木种子，也食昆虫和谷物。

分布范围： 留鸟，在我市大部分地区均有繁殖记录，常见。

金翅雀 ┃ 摄影 吴佳正

金翅雀 ┃ 摄影 吴佳正

白腰朱顶雀 | 摄影 吴佳正

白腰朱顶雀
bái yāo zhū dǐng què

英文名称：Common Redpoll

拉丁学名：Acanthis flammea

IUCN 红色名录等级：**LC**

体长：13厘米

形态特征： 额和头顶深红色，眉纹黄白色，上体各羽多具黑色羽干纹，下背和腰灰白色，沾粉红色，翼上具两条白色横带，喉、胸均粉红色，下体余部白色，雌鸟喉、胸无粉色。

白腰朱顶雀 | 摄影 吴佳正

生活习性： 栖息于多草疏林内和栎、榆等幼林中，在游荡和迁徙时，也见于各种乔木杂林和林缘的农田及果园中。

分布范围： 冬候鸟，我市乌审旗、鄂托克前旗、东胜区有记录，不多见。

白腰朱顶雀 | 摄影 吴佳正

红交嘴雀

hóng jiāo zuǐ què

英文名称：Red Crossbill
拉丁学名：Loxia curvirostra

IUCN 红色名录等级：**LC**
体长：17 厘米

♀

红交嘴雀 | 摄影 吴佳正

♂

红交嘴雀 | 摄影 吴佳正

形态特征： 全身大致玫瑰红色，上、下嘴尖交叉，头侧暗褐色，翼及尾近黑色，喉及腹羽红色，尾下覆羽中央褐色。雌鸟以橄榄灰代替雄鸟的红色部分，胸沾黄色，尾下覆羽具黑斑。虹膜暗褐或黑褐色，嘴黑褐或角褐色，嘴缘黄褐色，脚黑褐色，稍显红色。

生活习性： 栖息于山区针叶林，游荡期也见于丘陵和平原的阔叶林中，喜集群活动，在树上觅食球果，除食松籽外，也食树芽、榛子、野果植物种子和少量昆虫等。

分布范围： 冬候鸟，在我市大部分地区均有记录，较常见。

黄雀

huáng què

英文名称：Eurasian Siskin
拉丁学名：Spinus spinus

IUCN 红色名录等级：**LC**
体长：11 厘米

形态特征： 雄鸟头顶、颏黑色，翼斑、尾基两侧鲜黄。雌鸟头顶、颏无黑色，具浓重的灰绿色斑纹，下体暗淡黄，有浅黑色斑纹。雄鸟飞翔时露出鲜黄的翼斑、腰和尾基两侧。

生活习性： 生活于山林、丘陵和平原地带，秋季和冬季多见于平原地区或山脚林带避风处，以多种植物的果实和种子为食。

分布范围： 旅鸟，冬候鸟，在我市东胜区、鄂托克前旗有记录，偶见。

黄雀 | 摄影 吴佳正

黄雀 | 摄影 吴佳正

铁爪鹀 | 摄影 吴佳正

铁爪鹀
tiě zhuǎ wú

英文名称: Lapland Longspur	**IUCN 红色名录等级:** **LC**
拉丁学名: Calcarius lapponicus	**体长:** 16 厘米

形态特征: 雄鸟脸、胸黑色，颈背棕色，头侧具白色的"之"字形图纹。雌鸟头顶暗褐色，具皮黄色纵纹，其特色不显著，背羽边缘棕色，侧冠纹黑褐色。虹膜黑褐色，嘴黄色或黄褐色，尖端近黑褐色，脚褐色或黑褐色。

生活习性: 繁殖于北极区，迁徙时栖息于草地、田野，常与云雀混群。

分布范围: 冬候鸟，在我市大部分地区均有记录，少见。

铁爪鹀 | 摄影 吴佳正

灰眉岩鹀 | 摄影 吴佳正

灰眉岩鹀
huī méi yán wú

| 英文名称: Godlewski's Bunting | IUCN 红色名录等级: **LC** |
| 拉丁学名: Emberiza godlewskii | 体长: 16 厘米 |

形态特征: 雌雄相似。头、枕、头侧、喉和上胸蓝灰色，眉纹、颊、耳覆羽蓝灰色，贯眼纹和头顶两侧的侧贯纹黑色或栗色，下胸、腹等下体红棕色或粉红栗色。

生活习性: 一般主食植物种子，栖息于裸露的低山丘陵或高原等开阔的岩石荒坡、草地及灌木丛中。

分布范围: 旅鸟，在我市达拉特旗、准格尔旗有记录，少见。

三道眉草鹀

sān dào méi cǎo wú

英文名称： Meadow Bunting
拉丁学名： Emberiza cioides

IUCN 红色名录等级： LC
体长： 17 厘米

三道眉草鹀 | 摄影 聂延秋

形态特征： 雄鸟全身大致栗褐色，背部有黑色纵纹，眉纹上缘、过眼纹和颊纹黑色，眉纹、颊、喉和颈侧白色，胸部具深色横带斑，腹以下浅栗色。雌鸟羽色较淡，眉纹和耳羽土黄色，眼先和颊纹沾污黄。虹膜暗褐色，嘴黑色，脚肉色。

生活习性： 栖息于平原至丘陵的林缘和灌丛，少单独活动，较怕人，繁殖期以昆虫为主要食物，其他季节主要食植物性食物。

分布范围： 留鸟，在我市大部分地区均有繁殖记录，常见。

三道眉草鹀 | 摄影 吴佳正

栗耳鹀
lì ěr wú

英文名称：Chestnut-eared Bunting

拉丁学名：Emberiza fucata

IUCN 红色名录等级：**LC**

体长：16 厘米

形态特征：繁殖期雄鸟的栗色耳羽与灰色的顶冠及颈侧成对比，雌鸟及非繁殖期雄鸟相似，但色彩较淡而少特征，和第一冬的圃鹀很相似，但区别在于耳羽及腰多棕色，尾侧多白。冬季成群。

生活习性：喜栖于低山区或半山区的河谷沿岸草甸，森林迹地形成的湿草甸或草甸夹杂稀疏的灌丛，多以植物的果实和种子为食。

分布范围：夏候鸟，在我市大部分地区均有记录，常见。

栗耳鹀 | 摄影 聂延秋

栗耳鹀 | 摄影 聂延秋

小鹀 | 摄影 吴佳正

小鹀
xiǎo wú

英文名称： Little Bunting

拉丁学名： Emberiza pusilla

IUCN 红色名录等级： LC

体长： 13 厘米

小鹀 | 摄影 吴佳正

形态特征： 雄鸟夏羽头部赤栗色，头侧线和耳羽后缘黑色，上体余部大致沙褐色，背部具暗褐色纵纹，下体偏白，胸及两胁具黑色纵纹。雌鸟及雄鸟冬羽羽色较淡，无黑色头侧线。虹膜褐色或黑褐色，上嘴黑褐色，下嘴灰褐色，脚肉色或肉褐色。

生活习性： 栖息于平原至山地的树林、灌丛、草地及农田，春季结小群，多以植物的果实和种子为食。

分布范围： 留鸟，在我市大部分地区均有繁殖记录，常见。

田鹀

tián wú

英文名称: Rustic Bunting

拉丁学名: Emberiza rustica

IUCN 红色名录等级: **VU**

体长: 15 厘米

形态特征: 雄鸟头部及羽冠黑色，具白色的眉纹，耳羽上有一白色小斑点，体背栗红色，具黑色纵纹，翼及尾灰褐，颊、喉至下体白色，具栗色的胸环，两胁栗色。雌鸟与雄鸟相似，羽色较浅，以黄褐色取代雄鸟黑色部分。

生活习性: 栖息于平原的杂木林、灌丛和沼泽草甸中，也见于低山的山麓及开阔田野，迁徙时成群，并与其他鹀类混群，但冬季常单独活动，不甚畏人。

分布范围: 旅鸟，在我市伊金霍洛旗有记录，少见。

田鹀 | 摄影 聂延秋

田鹀 | 摄影 聂延秋

黄胸鹀 | 摄影 吴佳正

黄胸鹀
huáng xiōng wú

英文名称： Yellow-breasted Bunting	**IUCN 红色名录等级：EN**
拉丁学名： Emberiza aureola	**体长：** 15 厘米

黄胸鹀 | 摄影 聂延秋

形态特征： 额、头顶、头侧、颏及上喉均黑，翕及尾上覆羽栗褐，上体余部栗色，中覆羽白色，形成非常明显的白斑，颈、胸部横贯栗褐色带，尾下覆羽近纯白，下体余部鲜黄色。雌鸟眉纹皮白色，上体为棕褐色，胸无横带。

生活习性： 栖息于低山丘陵和开阔平原地带的灌丛、草甸、草地、林缘地带，多以植物的果实和种子为食。

分布范围： 旅鸟，在我市乌审旗有记录，少见。

灰头鹀
huī tóu wú

英文名称: Black-faced Bunting
拉丁学名: Emberiza spodocephala
IUCN 红色名录等级: LC
体长: 16 厘米

灰头鹀 | 摄影 吴佳正

形态特征: 雌雄相似。喙为圆锥形，与雀科的鸟类相比较为细弱，上下喙边缘不紧密切合而微向内弯，因而切合线中略有缝隙，体羽似麻雀，外侧尾羽有较多的白色。

生活习性: 生活于山区的河谷溪流，常常结成小群活动，多以植物的果实和种子为食。

分布范围: 旅鸟，在我市鄂托克旗有记录，少见。

灰头鹀 | 摄影 吴佳正

苇鹀 | 摄影 吴佳正

苇鹀
wěi wú

英文名称： Pallas's Bunting	**IUCN 红色名录等级：** **LC**
拉丁学名： Emberiza pallasi	**体长：** 14 厘米

形态特征： 雄鸟上体沙褐色，具有黑色纵纹，额、顶和枕部黑色，后颈有一白色环带，翼黑褐色，具淡色羽缘，中央尾羽深褐色，外侧两对尾羽具白斑，其余尾羽近黑色，下体近白色，两胁沾棕褐色，颏、喉部黑色，髭纹白色。雌鸟头顶沙褐色，具有黑色纵纹，眉纹黄白色，嘴铅灰色，脚粉色。虹膜暗褐色，嘴黑色，下嘴黄褐色，脚淡褐色、黄褐色或肉色。

生活习性： 栖息于平原沼泽及溪流边的灌丛和苇丛中，性活泼，主要取食植物种子，也食少量昆虫。

分布范围： 留鸟，在我市大部分地区均有记录，常见。

苇鹀 | 摄影 吴佳正

芦鹀 | 摄影 聂延秋

芦鹀
lú wú

| 英文名称：Reed Bunting | IUCN 红色名录等级：LC |
| 拉丁学名：Emberiza schoeniclus | 体长：16 厘米 |

芦鹀 | 摄影 聂延秋

形态特征： 雄鸟头部黑而无眉纹，颈圈和颧纹白色，上体栗黄，具黑色纵纹，翅上小覆羽栗色。雌鸟头部赤褐色，具眉纹。体羽似麻雀，外侧尾羽有较多的白色。与苇鹀的区别在于小覆羽棕色而非灰色，且上嘴圆凸形。

生活习性： 非繁殖期常集群活动，繁殖期在地面或灌丛内筑碗状巢，一般主食植物种子。

分布范围： 留鸟，在我市伊金霍洛旗有记录，少见。

鸟类中文名索引

以中文名称笔画为序

鸟类汉语拼音音节索引

|以汉语拼音音节为序|

鸟类英文名索引
┃以英文字母为序┃

鸟类拉丁学名索引
以拉丁字母为序

目前全世界已知鸟类超过 10000 种，

国内鸟种也有 1400 多种。

鸟类分类学研究还处于不断发展之中，

今后仍会有一些新鸟种或新的鸟类在鄂尔多斯市被发现，

本书作为一个历史节点，

为今后的鸟类研究、

保护工作提供可靠的依据。